放射線の正しい知識を普及する会●著

[序　文] 加瀬英明
[執筆者] モハン・ドス／レスリー・コリース
ウエード・アリソン／高田純
中村仁信／服部禎男

放射線安全基準の最新科学

福島の避難区域と食品安全基準

勉誠出版

序　文

　平成23（2011）年3月に福島原子力発電所事故が発生してから、民主党政権によって、まったく非科学的な放射線の安全基準が採用されたために、国民に今日に至るまで、甚大な被害を及ぼしてきた。

　政府が放射線について、正しい知識を欠いていたために、周辺の住民に対して長期間にわたる強制退去が実施され、必要がない地域で巨費を投じて除染作業が進められるかたわら、大量の農作物や、海産物が廃棄されるなど、目に余る失政を招いた。

　そのうえ、無知なマスコミが、放射線について根拠がない恐怖を煽りたてることによって、国民を不安に陥れ、混乱を増幅してきた。

　いうまでもないことだが、放射線は日光にも含まれている。放射線は人体のなかにも、自然のなかにも存在している。

　低・中線量率の放射線は有害ではなく、かえって有益である。

　人間を囲んでいるあらゆる物質に、リスクとメリットが存在しているが、放射線についても同じことだ。医療診断や、治療用に用いられていることは、よく知られている。

私たちは平成25(2013)年に『放射線の正しい知識を普及する会』を発足させ、国会の超党派の有志によって同じ時期に結成された議員連盟と連携して、内外の権威者を招いて研究会や、国際会議を開催するなど、活発な活動を続けてきた。

　民主党政権が強制退去地域の除染について、「年間1ミリシーベルト以下」にならないと帰還できないという目標を設けたが、まったく非科学的なものであって、その後、国連の関連機関である国際原子力機関(IAEA)の調査団が来日して、「国際的基準である年間20ミリシーベルト以下まで許容できる」と報告しているのをとっただけでも、「1ミリシーベルト以下」というのは、非常識きわまるものである。

　放射線について非科学的な呪縛から解放されなければ、これからも国民を苦しめて、国益を大きく損ねてゆくこととなる。

　日本は広島、長崎の原爆投下によって、世界で唯一つの被爆国家であるのにもかかわらず、多くの国民が放射線について知識を欠いていることには、理解に苦しむほかない。

　先の大戦の敗戦に対する反省から、「科学立国」が叫ばれたはずだったのに、放射線をめぐって、非科学的な迷信が蔓延（はびこ）っている。

　放射線の非科学的な安全基準を見直し、国民が放射線の正しい知識を共有するようになることを、願いたい。

加 瀬 英 明

目　次

序　文 …………………………………………加瀬英明 i

放射線の基礎知識……………………………………………… v

第1部　放射線科学の最前線——海外からの提言——

第1章　放射線安全性におけるLNTモデルからの脱却と
　　　　新たな提言 ………………………… モハン・ドス 3

第2章　福島の低線量放射線とどう向き合うか
　　　　………………………………… モハン・ドス 24

第3章　核廃棄物とは何か？ ………… レスリー・コリース 44

第4章　放射線に対しての「迷信」からの脱却を
　　　　………………………………… ウエード・アリソン 56

第5章　放射線と社会——低線量放射線への過剰な反応——
　　　　………………………………… ウエード・アリソン 67

第2部　福島の低線量率放射線の科学認識と
　　　　20km圏内の復興

第6章　福島の放射線線量調査の決定版
　　　　低線量の真実、20km圏内も帰還できる…… 高田純 93

第 7 章　日本の放射線防護の問題点
　　　──放射線はどこまで安全か──　………… 中村仁信　111

第 8 章　低線量放射線科学
　　　国際的検討の経緯と未来 ……………… 服部禎男　137

　【コラム】世界の報道から ………………………………… 157

第 3 部　放射線をめぐる誤解と反論

第 9 章　日本の食品放射線安全基準は
　　　厳しすぎる（中村仁信教授の講演会） ……… 編集部　167

　【コラム】参考資料 1 ── IAEA　福島第一原子力発電所
　　　事故報告書より ── ……………………………… 176

第 10 章　非科学的な恐怖をあおるな
　──広瀬隆「東京が壊滅する日」を批判する ── 中村仁信　178

　【コラム】参考資料 2 ── IAEA　福島第一原子力発電所
　　　事故報告書より ── ……………………………… 191

　おわりに ………………………………… 中村仁信　194

　執筆者一覧 ………………………………………… 198

放射線の基礎知識

●放射線の単位

放射能 Bq ベクレル：1 秒間に壊変する原子核の数。
　　　　　　　　放射性物質の量を表す
吸収線量 Gy グレイ：人体に吸収されるエネルギーの値。
実効線量 Sv シーベルト：放射線の種類、性質を考慮して、人体
　　　　　　　　　　　への影響を表す

放射線の物質透過力

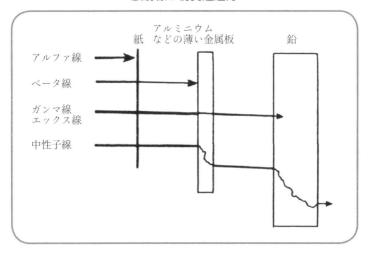

放射線の種類による荷重係数

X 線、ガンマ線を 1 とすると、
アルファ線 3〜5、中性子線 2.5〜20

●吸収線量グレイ (Gy) とは

放射線が全身あるいは体のある部位にどれだけ吸収されたかを示す量。全身に１グレイ浴びるとその影響（発がんなど）は、１シーベルト（実効線量）になるが、局所被ばくでは部位の感受性により実効線量が異なる。たとえば組織荷重係数（臓器の感受性）が 0.04 の肝臓だけが１グレイ照射された場合の実効線量は 40 ミリシーベルトだが、組織荷重係数が 0.01 である脳の１グレイなら 10 ミリシーベルトになる。また、シーベルトは等価線量の単位でもあるので、吸収される線量として使うこともできるが、この使い方では、そのシーベルトが実効線量か等価線量かを示さねばならず、紛らわしいので、放射線医療関係者は、吸収される線量としてのシーベルト（等価線量）は使わず、グレイを使う。

吸収線量（グレイ）×放射線の種類による荷重係数
**　　　　　　　　　　　　　　　＝等価線量（シーベルト）**
等価線量（シーベルト）×被ばくした各臓器の組織荷重係数の総和
**　　　　　　　　　　　　　　　＝実効線置（シーベルト）**

ただし、X 線、γ 線、β 線では、放射線荷重係数（放射線の種類による人体への影響の強さ）が１であるため、

吸収線量(グレイ)×被ばくした各臓器の組織荷重係数の総和
　　　　　　　　　　　＝実効線量(シーベルト)

となる。放射線の種類による荷重係数が1でないのは、α線(3〜5)、中性子線(2.5〜20)など。
これらが問題になるときは等価線量(シーベルト)を使わないといけない。

●組織荷重係数 (wt)

全身が均等に被ばくした場合の影響に対する、それぞれの組織・臓器が被ばくした場合の影響の相対的割合 (ICRP103、2007)。

組織・臓器	組織荷重係数	組織・臓器	組織荷重係数
赤色骨髄	0.12	食道	0.04
結腸	0.12	甲状腺	0.04
肺	0.12	皮膚	0.01
胃	0.12	唾液腺	0.01
乳房	0.12	骨表面	0.01
生殖腺	0.08	脳	0.01
膀胱	0.04	残りの組織・臓器	0.12
肝臓	0.04		

肝臓に50Gy照射すると、実効線量は2000mSvになり、脳に50Gy照射すると、500mSvになる。

第1部

放射線科学の最前線
―― 海外からの提言 ――

第1部では、モハン・ドス・ウエード・アリソン、レスリー・コリース三者による、放射線科学についての従来の通説を覆す論考を紹介します。

　ドス、アリソン両氏に共通するのは、放射線安全性におけるLNTモデル(放射線の被ばく線量と影響の間には、しきい値がなく直線的な関係が成り立つという考え方)への完全な否定であり、既存の国際安全基準の大幅な見直しを提起しています。

　このような主張が第一線の科学者によって提起されていることを、私たちは今後の日本のエネルギー政策や、放射線医療のために参考にする必要があるはずです。

　ドス、アリソン両氏は、日本の東日本大震災以後結成された国際的な科学者の団体「放射線の正確な情報のための科学者の会」SARI (Scientists for Accurate Radiation Information)のメンバーでもあります。同会は、大震災以後、日本や世界を席巻した放射線に対する極端な恐怖心からくる様々な非科学的言動に対し、科学者の立場から、偏見を排し、正しい知識を訴えることを目的として発足しました。SARIのホームページでは、現在も様々な論考が発表されています。メンバー構成や詳しい主張などはこちらをご覧ください。(http://radiationeffects.org/)

　また、レスリー・コリース氏の論考は、核廃棄物の再処理について、技術者の視点から、廃棄物の再処理とその有効性を説明したものです。高速増殖原型炉「もんじゅ」の廃炉までが視野に入った議論が原子力規制委員会により行われている現在ですが、「トイレなきマンション」と揶揄された原子力発電が、実は廃棄物再利用によってこそ危険を除去し新しいエネルギーを得ることができるという意見の一つとして紹介しました。

(編集部)

第1章　放射線安全性におけるLNTモデルからの脱却と新たな提言

モハン・ドス

1. LNTモデルはすでに有害であり、新たな規範を必要としている

　現在、放射線の安全性に関するパラダイム規範は、直線閾値無し（LNT）モデルに立脚しています。LNTモデルは、1950年代に提示されました。根拠となったのは、原爆の生存者の白血病の発症が線量に対応して直線に比例していたこと、そしてショウジョウバエへの放射線照射で、突然変異が直線比例して増加したことにありました。こうした結果は高線量放射線によるものでしたが、LNTモデルはその直線をそのまま放射線の影響がゼロの点まで伸ばし、低線量放射線にも同様の作用があるとしたのです。つまり、低線量放射線についてはデータを根拠としてはいませんでした。

　LNTモデルの概念「低線量放射線も突然変異を増加させる」というのは、真実なのでしょうか？　図1は、ショウジョウバエの突然変異の増加と放射線の増加の相関を示した

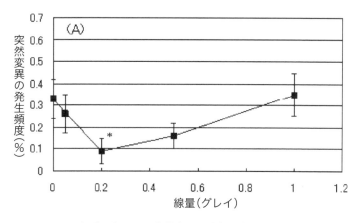

図1　ショウジョウバエの突然変異の増加と放射線の増加の相関

ものです。ご覧のように、0.2グレイ（200ミリグレイ＝200ミリシーベルト）という低線量放射線で、突然変異は増えるどころか減少しています。

現在、放射線の安全性に関するパラダイム規範はLNTモデルに立脚しているために、低線量放射線についても癌の発病が心配されています。LNTモデルは、どこまでが安全でどこからが危険かを示す閾値値がないため、安全な線量というものがなく、このことが低線量放射線をも恐れることにつながっています。アララ（ALARA=As Low As Reasonably Achievable「合理的に少なければ少ない程良い」）という概念が、そこから生まれてきます。つまり放射線量は「少なければ少ない程よい」という思い込みです。

LNTモデルは、ICRP（国際放射線防護委員会）、NCRP

第1章　放射線安全性におけるLNTモデルからの脱却と新たな提言

(米国放射線防護審議会)、NRC(米国原子力規制委員会)、UNSCEAR(原子放射線の影響に関する国連科学委員会)などの専門機関が採用し、ほとんどの定期刊行物や専門家組織が、放射線の安全性に関する最適のモデルであると主張しています。このため、メディア、大衆、そして全ての政府が、LNTモデルを信じて採用しています。

　福島第一原発の事故の後、どうなったかを見てみましょう。

・原子炉の事故後、ICRP(国際放射線防護委員会)のガイドラインに従って放射線被曝量を減らすために、人々は福島から強制避難をさせられた。
・強制避難により、入院患者などでは死を迎える人が出た。
・避難の長期化は、ストレス性の病を発症させ、死傷者も出た。
・低線量放射線への恐怖が、避難住民の帰宅を困難にしている。
・福島地域には、経済的にも深刻な被害をもたらした。
・日本の原子力発電所は操業停止にされ、エネルギー生産に厳しい局面をもたらした。
・避難には、ほとんど何一つメリットがない。

福島第一原発の事故後に何がもたらされたでしょうか。

・LNTモデルに立脚した専門家のアドバイスに従ったことで、福島の人々には健康被害、日本全体には経済被害を

もたらしました。
- ICRP(国際放射線防護委員会)は、LNTモデルによって甚大な被害がもたらされているにもかかわらず、LNTモデルに立脚する立場をまったく変えようとしておりません。
- 今こそ、LNTに代わる「新しい考え方」(代替見解、alternative view)が考察されるべき時です。

　私は「新しい考え方」(代替見解)を、「発癌の原因」と「低線量放射線の影響」という2つの観点と、さらにどうすれば癌を減らせるかとの観点から論じたいと思います。
　発癌の原因は、何でしょうか。一般的には、「発癌性突然変異」が原因とされています。これは本当に正しいのでしょうか。ここに紹介するのは、発癌性突然変異の発生と癌による死亡率とを、年齢との関係で示したグラフです。
　図2は、日本の高齢者医療施設から提供された全身病理解剖で認められた発癌性突然変異の年齢別発生率です。図3は、同時期に世界保健機構(WHO)が発表した日本における癌の年齢別死亡率です。50歳までから75歳までの発癌性突然変異の発生率は、変化がないにもかかわらず、癌の死亡率は年齢によって10倍以上に増えています。
　ここから結論づけられるのは、突然変異が癌の主たる原因ではないということです。

　突然変異が癌の原因でないならば、発癌の原因は何なのでしょうか。

第 1 章 放射線安全性における LNT モデルからの脱却と新たな提言

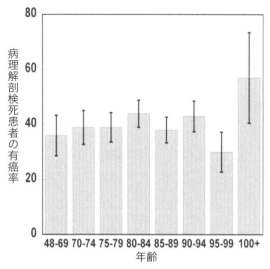

図2　日本に於ける高齢者医療施設発癌性突然変異
　　　（Imaida の論文、1997 年）

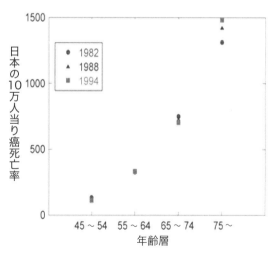

図3　癌死亡率（死亡に関する WHO データベース）

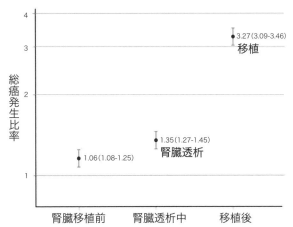

図4　腎臓疾患の患者における治療段階別の癌の発生率
（Vajdic及びvan Leeuwenの共同論文、2009年）

このことを知るために、極端に癌が増える状況を考察してみましょう。

上のグラフ（図4）は、腎臓疾患の患者における治療段階別の癌の発生率を示しています。透析治療の患者と比較すると、免疫システムが抑圧された腎臓移植患者の発癌・リスクは、2倍以上に増えています。同様に免疫機能に問題があるAIDS（エイズ）患者の場合も、発癌・リスクは倍増しています（ここではデータは省きます）。

結論づけられるのは、免疫システムの不全が、癌の主たる原因であるということです。

では、免疫システムは老化によってどう変化するでしょうか。
図5は、年齢による免疫システムの能力を示しています。

第1章　放射線安全性におけるLNTモデルからの脱却と新たな提言

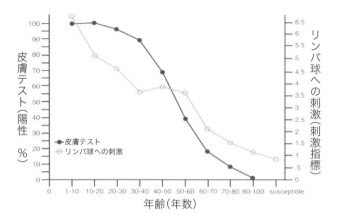

図5　免疫システム能力(Levinの論文、2012年)

免疫システムは、年齢を経るごとに下降します。このことが、年齢によって癌死亡率が高まるという理由を説明できます。このデータは、癌の主たる原因は免疫システムの不全であるというもう一つの論拠となります。

　ここで低線量放射線の健康への影響という「新しい考え方」(代替見解)を紹介します。

　免疫システムが癌予防に極めて重要であることは、前述しました。それでは、放射線は免疫システムにどう影響するのでしょうか。

・高線量放射線は、免疫力を低下させます。
・低線量放射線は、免疫力を高めるのです。

表1 低線量放射線の免疫パラメーターへの影響

参照	対象	放射線量	結果	免疫パラメーターへの影響
1999年橋本	どぶネズミ	0.2 Gy	転移の減少	CD8+T細胞、TNF-αの増加
2000年松原	ネズミ	0.02-0.05 Gy		T細胞、基本的免疫反応の増加
2002年小島	ネズミ	0.5 Gy		脾臓細胞でのNK活性の増加
2004年ユウ	ネズミ	0.075 Gy	腫瘍サイズの減少	赤血球、免疫機能の増加
2004年稲	ネズミ	毎時1.2、0.35 mGy（5週間）合計0.3、1.0 Gy	寿命の延長	CD8+T細胞の増加
2005年パンディ	ネズミ	0.2 Gy		貪食細胞とCD8+T細胞の機能増強
2006年レン	ネズミ	0.2 Gy X 4		リンパ球、NK細胞の増加
2007年重松	ネズミ	0.02,0.05,0.1 Gy		樹状細胞のT細胞活性化力増加
2007年リュウ	ネズミ	0.075	腫瘍サイズ、転移の減少	NK細胞、T細胞、TNFαの増加
2009年松原	ネズミ	0.005,0.010,0.050 Gy		T細胞活性の増加

表1は、免疫パラメーターにおける低線量放射線の影響を示しています。

低線量放射線は、癌を抑止します。

次に紹介する論文が、低線量放射線の癌抑止効果を紹介しています。

・動物実験によって癌が減少している(1979年Ullrich及びStorerの共同論文、2007年Itoの論文、2010年Nowowielskaの論考、2011年Phanの論文)。
・動物実験とヒトでの臨床報告で、免疫力の向上により癌の治療効果を向上させている(2004年Sakamotoの論文、2011年Farooqueの論文)。

第1章　放射線安全性におけるLNTモデルからの脱却と新たな提言

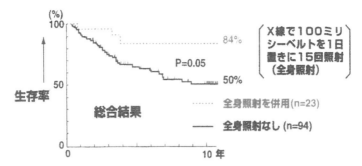

図6　悪性リンパ腫に対する全身または半身低線量照射併用照射線治療の成績東北大学名誉教授　坂本澄彦(The Jawnal of TASTRO 1997年9月)
※PはProbabilityの略。2群間には差があるように見えるが、実際には差がなくても差があるように見えている確立(差がない確立)のこと。Pが5％（0.05)以下なら、有意に差があることになる。

・放射線治療患者の癌の再発を予防している(2011年Tubianaの論文)。
・台湾のアパートの住人のデータ分析、原爆生存者のデータ(2013年Dossの論文)。

放射線治療患者の生存率は、低線量放射線の効果を示しています。

図6は、高線量の放射線治療、高線量の放射線治療に低線量の放射線照射を併せた治療、という2つの場合の患者の生存率を示しています。

高線量の放射線治療のみの場合(下側の線)と比較すると、高線量放射線治療に低線量放射線照射を併用した場合(上側

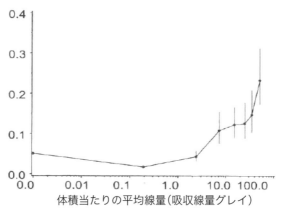

図7　小児癌放射線治療後生存者5000人の調査（フランス・イギリス8センターのコホート研究）

の線）の方が、癌患者の生存率が高いことが判ります。

　小児癌患者の放射線治療後の経過観察例から、癌周囲の組織への放射線照射によるキログラム単位の二次癌発生（図7）の結果を見てみましょう。

　周囲組織をキログラムの単位でみると、0.2グレイの低線量放射線照射は、放射線照射がゼロの場合よりも、二次癌の発生率が低くなっていることがわかります。

2.　原爆の生存者の記録は、低線量放射線の効果を証明している

　原爆生存者の研究（2012年 Ozasa の論文）によると、ゼロから2グレイの線量範囲では著しい曲線が見られるとしています。これは、線量と死亡率が比例する直線ではないことを

意味します。また同研究は、0.3から0.7グレイの線量領域でのカーブは、想定より低い発癌リスクを意味していると報告しています。

LNTモデルでは、この低線量での癌の減少を説明することができません。

発癌率の基本線における偏向を修正すると、線量による反応はJ型のカーブを描くようになります。

次頁の上のグラフ(図8)がLNTモデル、下のグラフ(図9)が私の提示した(2012年Dossの論文、2013年Dossの論文)モデルです。

低線量放射線の反応は、放射線を浴びない場合よりもマイナスになっています。つまりこの範囲の放射線は発癌影響があるどころか、逆に癌を減少させていることがわかります。

科学界のもうひとつの誤解は、放射線によって引き起こされる癌に、子供はより影響されるというものです。この根拠は、子供の細胞分裂はより活発なため、突然変異がより発生し易いというものです。

「新しい考え方」(代替見解)では、大人に比べ子供は免疫レベルがより高いということです。免疫力が癌を抑制する最も重要な要素ですから、放射線による発癌に子供はより抵抗力があることになります。

子供の放射線への抵抗力は、原爆の生存者の30年後のデータからもわかります。

次のグラフ(図10)は、そのデータに基づいています。

被爆した時の年齢が10歳から50歳の生存者の方々の30年

第1部　放射線科学の最前線

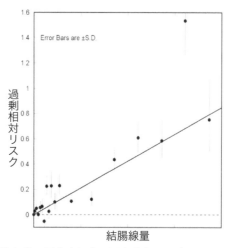

図8　原爆生存者の固定癌による死亡率（2013年 LSS14（寿命調査報告書第14報）Errataの論文）から

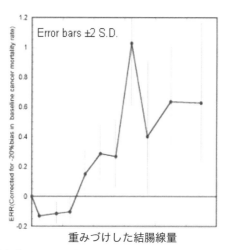

図9　Solid Cancers–with data below 0.3 Gy averaged into a single data point

第1章　放射線安全性におけるLNTモデルからの脱却と新たな提言

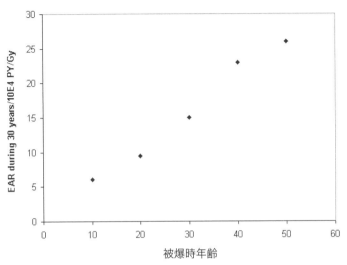

図10　30年間の過剰絶体癌死リスク（LSS14の図から引用）

後の発癌率です。高線量放射線を浴びた場合、子どもは大人よりも癌の発生率が30年後に少ないことがわかります。グラフからは、被爆時の年齢が高いほど癌発生率が高まっていることもわかります。

　この証拠は、癌の抑止や治療のために低線量放射線をテストしてみることを、充分に正当化しています。

　低線量放射線には、さらにメリットがあります。

・癌以外の老化に関係する疾病で、現在の医学では治療法が確立していないもの、例えばアルツハイマー病やパーキンソン病といったものにも効果を現わしている。
・通常の癌治療で、その副作用を減らす効果がある。例え

ば、乳癌の腫瘍の放射線治療で、心臓へのダメージを軽減している。
・運動ができない患者に対しても、運動と同じプラスの効果をもたらす。

詳細は、「放射線の安全性におけるパラダイム・シフト」(Shifting the Paradigm in Radiation Safety, 2012年 Doss の論文「線量反応」)に掲載しています。

3. 我々は、どうすべきか。

LNTモデルは有効ではなく、放射線ホルミシス概念が有効なことを確認しました。
ここから、論理的な結論は以下の通りです。

・放射線の安全性に関する規制を変更する。
・様々な疾患の予防や治療の上で、低線量放射線の使用を臨床実験する。
・強制避難をさせられた福島の住民は、元の居住地に帰還する。
・原子力発電所を再稼働する。

しかし、こうした施策の実施には、大衆の中にある低線量放射線に対する間違った懸念によって反動が生じることも覚悟しなければなりません。放射線の安全性に関する規制につ

いては、以下のことを考えなければなりません。

- 早急に規制案を草起し、新たなパラダイムへ移行する計画を立案するワーキング・グループを発足する。
- パラダイム変革に伴い、規制対象は高線量放射線のみとなるため、よりシンプルなものとなる。
- 規制緩和が実行されることにより、膨大な資源が利用可能となる。
- 余剰人員については解雇せず、放射線ホルミシスの研究に再雇用するため、研修を実施する。

放射線ホルミシスの研究については、以下を提案します。

- 低線量放射線が様々な疾病に対してプラスの効果があるとする証拠を検証するワーキング・グループを設立する。
- 現在の知見に基づいて、放射線ホルミシスの研究のための計画を立案する。

　重要なことは、新たなパラダイムについて教育がなされ、その結果として大衆が理解するようになるまで、こうした施策の実行は待つべきだということです。変革には、大衆の支持が不可欠だからです。

4. 原子力エネルギーこそが安全である

　日本の原子力発電の現状についても、お話ししたいと思います。

　日本の原子力発電所は、福島第一原発事故の後、安全性への懸念から稼働停止状態に置かれています。

　しかし、このことがエネルギー生産を安全なものにしたのでしょうか。

　他のエネルギー源による死亡のリスクは、どのようなものでしょうか。

　表2は、1兆kw／時ごとの様々なエネルギー源における死亡者数を現しています。

　「異なったエネルギー源における死亡者数」は、『フォーブス』誌から引用したものです。

　ご覧のように、長期データに基づけば、原子力は最も安全なエネルギー源であることが明白です。

　脱原発を推進すべきでしょうか。答えは次の通りです。

　福島第一原発事故のような単一の出来事をもって、全ての原子量発電所を停止するなどといった過激な対処を取るべきではありません。これまでの経験から言って原子力発電は安全に操業してきたからです。

　教訓から学ぶ必要はあります。原子力発電所をより安全なものへと改善することも必要です。しかし、原子力発電所は再稼働して操業を続けるべきです。

第 1 章　放射線安全性における LNT モデルからの脱却と新たな提言

表2　各種エネルギー源における死亡者数

エネルギー源	死亡者数
	死者／1兆キロワット
石炭（中国）	280,000
石炭（世界平均）	170,000
石油	36,000
バイオフューエル／バイオマス	24,000
石炭（アメリカ）	15,000
天然ガス	4,000
水力（世界平均）	1,400
ソーラー（屋根上）	440
風力	150
原子力（世界平均）	90

　「新しい考え方」(代替見解)では、原子力発電は極めて安全だということです。

　福島で起こったことは、自然災害の中でも、自然が引き起こす想定で最悪の事態でした。それにもかかわらず、放射線による直接の死亡者は、原子力発電所内部にさえ一人もいませんでした。今後も、死者が出る見通しはありません。死者は、LNTモデルに立脚した専門家のアドバイスに従ったことにより生じたものだけです。ですから、我々がLNTモデルに立脚した対応を止めれば、今後こうした死者(強制避難により死亡した病人、等々)は発生しません。

　よって、原子力発電は、極めて安全であると考えるべきであります。

　「新しい考え方」(代替見解)から描く、日本の原子力発電の未来は以下の通りです。

- 現在において、原子炉は最も安全にエネルギーを提供できるシステムである。
- 現在、増加した化石燃料の燃焼と、それによる大気汚染の増加を削減するために、原子力発電所を再稼働することが推奨される。

原子力発電に関し、より理性的な見方がメディアで取り上げられています。

最近、原子力発電を肯定する論説が、『ニューヨーク・タイムズ』紙、『シカゴ・トリビューン』紙などで取り上げられました。

原子力発電を肯定するドキュメンタリー映画『パンドラの約束』(ロバート・ストーン監督)が、アメリカではCNNで最も良い時間帯であるプライム・タイムに放映されました。

いまこそ、変革の時です。

放射線の安全性パラダイムの変革のために、世界の科学界の多くの科学者たちが支持をしてくれることでしょう。

日本で『放射線の正しい知識を普及する会』が発足するのと軌を一にして、科学者の一団がSARI (Scientists for Accurate Radiation Information)を発足させました。

この会の目的は、福島で生じたような放射線恐怖に由来する死を防ぐことにあります。私も発起人で、会員の一人です。

会のメンバーである科学者たちが、『Dose Response』誌に、現在の放射線の安全性パラダイムを疑問とする論文を発表しました。

第 1 章　放射線安全性における LNT モデルからの脱却と新たな提言

SARI の記事紹介

International Dose-Response Society

評論：低線量放射線の健康保護政策に関する倫理的問題

ヨシュア・ソコル（イスラエル）核への目覚めのための教育フォーラム

ルドリック・ドブルジンスキー（ポーランド）核研究のための国営センター

モハン・ドス（アメリカ）フォクス・チェイス・ガンセンター

ルドウィグ・E・フェインエンドジェン（ドイツ）ハインリッヒ・ハイン大学

マレック・K・ジャニアック（ポーランド）衛生と疫学に関する軍研究所

マーク・L・ミラー（アメリカ）サンディア国立ラボラトリー

チャールズ・L・サンダース（アメリカ）

ボビー・R・スコット（アメリカ）ラブレイス呼吸器研究所

ブラント・ウルシ（アメリカ）H・H・チュー・アンド・アソシエイツ

アレヴァンダー・ヴァイサーマン（ウクライナ）老年学研究所

SARI の記事紹介

ICRP の覚書でタスク・フォース（ゴンザレス 2013）は、**「放射線防護のために慎重になっているとはいえ、LNT モデルは、生物学上の真実であるとしてあまねく受け入れられてはいない。低線量放射線が健康に影響があるという LNT モデルの首長は事実によって否定されつつある…」**と述べている。

「大気中に放出された放射性物質から被ると理論的に仮定されるごく微量な放射線に関し、膨大な数の人々がそれを受けるとして推測による集合的線量が算出されるが、それは、名目的なリスク係数を何倍にも取ることによって、**推論にすぎない、証明されていない、検出不可能な「亡霊」のような数値**が求められているのである。」

> LNTモデルを展開している総本山であるICRPのタスク・フォースは、LNTモデルが低線量放射線（100ミリシーベルトまで）が、**「推論に過ぎない、証明されていない、検出不可能で「亡霊」のような」**と認め、このようなモデルが放射線防御の上で適切なものか、また低線量放射線のリスク推定の上で正当性があるものかを、まっとうに疑問を提示している。＜太字は著者＞

　日本は世界が待ち焦がれた変革を主導することができるのです。

　LNTモデルの最たる犠牲者として、日本はLNTモデルを廃止する大改革を提案し、実行する正当性があります。

　世界は、日本についていくでしょう。

資料

S.A.R.I.（Scientist for Accurate Radiation Information）
2014年1月22日

設立宣言：このグループの目的は、生命の救助のために、原子力／放射線の世界における問題対応力に敵対的な影響を与えかねない、原子力／放射線に関する誤った情報を調査し、それに対抗することである。

　放射線或いは原子力の緊急事態に世界が効果的に備え且つ対応するためには、電離放射線の高線量及び低線量の人間に対するリスクに関する信頼に足る情報、そして人体の一般的な反応は高線量と低線量とでは異なるという情報、が重要である。放射線の人体への影響に関する誤った情報は、不幸なこと

第 1 章　放射線安全性における LNT モデルからの脱却と新たな提言

にニュース報道や他のメディア報道によって広まっている。特に現在の福島での風下の人々のケースのように、低レベル放射線(低線量且つ低線量率)による影響に関する報道である。誤った情報は、それが早急に発見されず且つ信頼できる情報による適切な反論が時機を逸することなく行われなければ、チェルノブイリや福島の事故後に証明されたように、多数の生命の予想外の損失を含む損害へと繋がりかねない。低水準の放射線被曝に関連する誤った情報は予想外の災害(＊)に導く。このグループは、学際的で次の分野で専門性を持つ：放射線源特性特定、放射能輸送、放射線の内部・外部線量測定、放射線の生物学的効果(有害、有益双方)、線量投与反応のモデル化、放射線のリスク・有益性査定、原子力／放射線学上の緊急事態管理。

＊チェルノブイリ事故を受けての10万件以上の堕胎にも、そして福島の強制避難に絡んで失われた千人以上の命にも、その責任が問われる(Scott BR and Dobrzynski L. 2012. Dose-Response 10:462-466)。

任務：人騒がせなニュース報道や、定期刊行物を含むその他メディアを使って拡散される放射線についての病的な恐怖を助長しようとする誤った情報に、対抗策を講じることを通して、不必要な放射線恐怖に関連した死亡、罹患、放射線医学の診断上／治療上の不信と結びついた傷害、原子力／放射線医学上の緊急事態からの障害等の防止に貢献すること。

第2章　福島の低線量放射線と
　　　　どう向き合うか

モハン・ドス

　2011年の福島第一原子力発電所の事故後に発生した災害死は、放射線被曝によるものではなく、直線閾値無し（LNT）モデル（以後、LNTモデル）に基づいて「低線量放射線への恐れ」から行われ長期化した緊急避難によるものであった。LNTモデルは、諮問機関が1950年代以降、放射線安全性基準として採用するよう勧告しているものである。

　しかしながら、LNTモデルが非科学的な形で採用された結果、その仮説に副わない著しい数の証拠が多年に亘り蓄積されている。反する証拠があり又、その使用から悲惨な結末が観察されているにも拘らず、現在の諮問機関がLNTモデルを取り下げていないため、新規諮問機関を設置して公衆の健康を防御することが必要である。

　現在の諮問機関は、その活動の不備や正当化できない勧告によって害をなしている。避難した人々は、その懸念が和らぐように、低線量放射線の被曝は無害であるとの証拠を教育してもらう必要があり、かつ、故郷への帰還が奨励されなけ

第2章　福島の低線量放射線とどう向き合うか

ればならない。

　利用可能な全ての電源の中で、原子力は最も安全であると証明されており、福島の場合と類似した事故の再発を防止するために、適切な安全上の修正を完了させた後、原子力発電所を再稼働させるべきである。

はじめに

　2011年の東日本大震災とその後の津波による福島第一原子力発電所の事故は、壊滅的な被害をもたらした。福島地域の強制的な避難とその長期化による精神的ストレスとが原因となって、多くの災害関連死が発生している。これらの死は放射線が原因ではなく、放射線安全の諮問機関が1950年代以降LNTモデルに基づいて勧告している予防措置(低線量放射線"Low Dose Rate"以後LDR)による発癌の危険性に対応)を政府が採用していることから起きている。

　福島地域での避難は、どんな僅かな放射線でも恐れるべきだとして諮問機関が勧告する「公衆への低い線量限度」に適合するために、現在でも継続中である。この避難は、地域の経済を破壊し、住民の生活を損なっている。LNTモデルがそのように悲惨な結末を生じているのだから、その仮説が妥当かどうかの判断は証拠を評価した上で行うことが重要である。

第1部　放射線科学の最前線

1. LNTモデルの妥当性を否定する証拠と理由

　LNTモデルの背後にある基本的な概念は、単一の放射線でも、発癌に繋がり得る突然変異を繋がる基礎的な変化を発生させ得るというものである。しかしながら、癌性の突然変異が起きるのは一般的であって殆ど誰にもそのような突然変異はあるが、臨床上の癌を発症する人間は3分の1に過ぎない。そのため、LNTモデルが主張する「低線量放射線（Low Dose Radiation、以後LDR）によって増加した突然変異」は、潜伏癌に含められるが、必ずしも臨床上の癌になる訳ではない。検死からの研究結果によれば、癌性の突然変異を有する割合は中年も高齢もほぼ不変で、年齢差は見られない。他方、癌による死亡率は加齢と共に著しく増加し、癌性の突然変異以外の何らかの因子が臨床上の癌の主要原因となっていることを示唆している。

　免疫を抑制された臓器移植患者及びHIV患者では癌が3～4倍増加することが観察され又、これら両方の患者グループで癌のタイプが類似しており、この現象はこれらの癌の主因が免疫系の抑制であろうという推論を後押しする。従来、加齢に伴う癌の増加は、突然変異の蓄積によるものであると考えられてきたが、これは実は、加齢に伴う免疫系応答の急低下によるものであると、説明できる。

　放射線被曝がなくても、かなりの量の内生的なDNA損傷が発生するが、適応防護（LDRが引き起こす損傷への人体の防御反応）が内生的な損傷を減らすことで総合的なDNA損傷

を減らすことができるため、仮に「癌の主因＝突然変異」説が正しいと仮定されるとしても、LNTモデルは正当化されない。

LNTモデルに従うことは、適応応答の重要性の認識を放棄することを意味する。「癌の主因＝突然変異」説を採用して適応応答を無視するなら、予測では5分間の激しい運動だけでDNA損傷の増加が観察されると予測され定期的な運動からの発癌リスクの増加を意味することになるが、実際は、運動による癌の減少が多く観察され、完全に矛盾する。

運動による癌の減少は、適応防護が癌を減少させ得るという概念と一致し、運動が免疫系を活発化することは知られていて、免疫系の癌抑制説とも矛盾しない。

LDRの生物学的効果は、高線量放射線（High Dose Radiation, 以後HDR）のものとは全く異なることが判っている。これには遺伝子とプロテオーム〔編注：タンパク質（Proteinプロタイン）と遺伝情報（Genomeゲノム）とを組み合わせた造語。細胞内で発現している（発現する可能性をもつ）全タンパク質のこと。〕の発現のプロファイル、RNA〔編注：リボ核酸〕のマイクロ応答、及び免疫系の応答を含んでおり、HDRからの発癌リスクをLDRに直線的に外挿することの信憑性を失わせている。

ヒトの多様な研究によって、LDR被曝に関してLNTモデルの妥当性を否定する多くの証拠が蓄積されている。これらの研究には、（Ⅰ）広島の原子爆弾生存者における白血病の発生率、（Ⅱ）分割して行う低線量全身照射を受けたリンパ肉腫

患者の生存率、(Ⅲ)ラジウム・ダイヤル・ペインターにおける骨肉腫の発生率、(Ⅳ)X線透視検査を受けたカナダの結核患者における乳癌の死亡率、(Ⅴ)マヤク核兵器施設に近い村の住民における癌死亡率、(Ⅵ)米国の原子力艦艇造船所で働いている作業者の研究にける放射線作業者の癌死亡率、(Ⅶ)台湾の放射能汚染建築物の住民における全ての癌の発生率、(Ⅷ)放射線治療を受けた患者における二次癌、及び(Ⅸ)標準的な放射線治療の間に全身又は半身のLDR治療を受けた非ホジキンリンパ腫の放射線治療患者の生存率などがある。

　これらの全ての研究結果は、癌の誘発に対する大きな閾値線量の存在、又はLDR被曝後の癌の減少を示している。

　大規模な生態学研究の多くも、LNTモデルを否定する証拠及びLDRの癌防止効果の証拠を提供している。年齢で調節された癌の死亡率が自然バックグラウンド放射線レベルの関数として研究された際、最高のバックグラウンド放射線レベルを示す米国の州において癌死亡の減少が観察された。

　米国内の住宅のラドン・レベルと肺癌との研究の結果、より高いラドン・レベルがより低い肺癌発生率と相関することが判った。アイルランドの住宅のラドン・レベル分布図と肺癌発生率との比較は、ラドン・レベルが最高の地域は一般に肺癌の発生率が最低であり、肺癌の発生率が最高の地域は一般にラドン・レベルが最低であることを示している。

　住宅のラドン・レベルが世界中で最高であるイランのラムサール地区でも、同様のパターンが観察されている。相関していることが必ずしも原因を意味している訳ではないが、そ

のような生態学的研究で同じ一般的パターンが繰り返し観察されることは、LDR被曝の増加と癌の減少との間に因果関係があると思われることを指摘しておく。

2. 原爆生存者のデータは、現在ではLNTモデルを後押ししない

　LNTモデルを否定するそのような大量の証拠及びLDRの癌防止効果の証拠があるにも拘らず、諮問機関はLNTモデルの肯定を主張するため、原爆生存者のデータを利用している。

　しかしながら、これらのデータは、最近更新が行われた後の現在では、LNTモデルを肯定しない。これは、今日の線量応答関係が0〜2Gyの範囲で著しい非直線性を示しているためである。この非直線性は0.3〜0.7Gyの線量範囲で癌の死亡率が予想よりも低くなることに起因し、これをLNTモデルで説明することはできないが、放射線ホルミシス仮説に基づいて説明することは可能である。

　それに加え、データの線量・閾値解析には大きい欠陥が確認されており、閾線量がゼロであるという結論を肯定できないものにしている。そのため、これらのデータは今ではLNTモデル又はLDRへの懸念の裏付けとはならない。このことはLDRの健康影響に関する最近公表された議論で暗黙に認められており、この議論では、早期の頃の議論の場合と異なり、原爆生存者のデータがLDRの発癌性に対する証拠として序文の声明で引用されることはなかった。

第 1 部　放射線科学の最前線

3. LDR で癌が増加するという他の主張

LDR 被曝後に癌のリスクが増加する、と主張する多くの報告があり、例えば、（Ⅰ）15 ヶ国での放射線作業者を対象とした研究、（Ⅱ）胎内で被爆した後の小児癌に関するオックスフォードの研究、（Ⅲ）小児白血病と自然バックグラウンド放射線に関する研究、（Ⅳ）子供が CT 検査を受けた後の癌の研究、及び（Ⅴ）被曝した台湾のアパート住民の追跡調査報告などがある。これら及び他の同様な報告を慎重に調査した結果、それらは研究の立案、データ、解析に間違いがあって、LDRに発癌性があるというそれぞれの結論を無効なものにするか或いはそのような結論に関して大きな疑いを招く解釈が行われていることが、明らかになっている。

4. 公衆に対する低い線量限度の設定は必要か？

前記で議論した証拠に鑑みれば、毎年 1 ミリシーベルト（以後、mSv）という公衆に対する現在の線量限度は実は正当化されない。放射線の生物学的影響は放射線被曝の期間に決定的に依存するため、線量限度では被曝の期間を考慮しなければならない。

原子爆弾の生存者が瞬時に受けた線量に関して言えば、白血病の増加及び固形癌の増加に対する閾値線量は 0.5 シーベルト（以後、Sv）(500mSv) 以上であった。急性被曝に対する 0.1Sv の線量限度は、この閾値線量をずっと下回る。長期間

に亘る放射線被曝の場合、適応応答が起きるため、癌の誘発に対する閾値線量は遥かに高いと思われる。

例えば、ラジウムの摂取から骨肉腫が発生する閾値線量は約10Gyであるが、分割して5週間に亘り1.5Gyの全身線量を受けた場合、癌を減らす治療効果が見られた。そのような証拠を考えると、長期間の環境被曝に対して公衆への低い線量限度を設定することは実際、必要ないだろう。

5. 子供をLDRの被曝から特に防護する必要はあるか？

子供の放射線被曝に関する懸念が提起されている。これらの懸念は、前記で議論したように、肯定のための正当な証拠が存在しないLNTモデルに基づいている。

この懸念の論点は、子供は分裂している細胞の比率が高いので、放射線被曝による遺伝子の突然変異に対して一層敏感であるというものである。その他に懸念のその他の理由として、子供にはより長い人生があって突然変異から癌を発症するまでの時間が長いということが言われる。

しかしながら、前記で述べたように、癌の突然変異モデルは証拠と整合せず、LDRによって適応防護が誘発されるので、総合的にDNA損傷は減少となる。これは、防護機能が亢進することによって内生の損傷が減少すると思われるからである。従って、癌の突然変異モデルは正しいと仮定しても、LDRからDNA損傷が増加するという主張に基づくこれらの

第1部　放射線科学の最前線

懸念は、何も正当化されない。

　免疫の癌抑制モデルを適用すれば、LDRは免疫系の応答を増強し癌を減少させると思われるため、子供のLDR被曝に関する懸念は必要ないだろう。

　LDRの子供への懸念に関して通常引用される他の理由は、原爆生存者のデータ上で観察された、若年での被曝における観察された放射線誘発による癌のリスク増大である。

　しかしながら、過剰な癌の殆どは高線量のコホート〔編注：分析疫学における手法の1つ。特定要因に曝露した集団と曝露していない集団を一定期間追跡し、研究対象となる疾病の発生率を比較することで、要因と疾病発生との関連を調べる観察的研究〕で観察され、LNTモデルを適用してリスクがLDR被曝に外挿されたに過ぎず、これらのリスク推定値は高線量放射線（High Dose Radiation 以後、HDR）被曝の場合のみ正しい。

　原子爆弾生存者のデータ並びにその他のデータは、LNTモデルと矛盾し、前記で議論したように放射線ホルミシスと一層整合するため、HDRのリスクをLDRにそのように外挿することは正当化されないだろう。

6. 福島で放射線安全にLNTモデルを適用することで公衆は何を得たか？

　LNTモデルに基づいて行われた措置のために福島の住民に降りかかった苦難の規模を考えれば、LNTモデルを適用

第2章　福島の低線量放射線とどう向き合うか

して住民が何を得たのかを評価し、そこから何も利益がないとすれば、放射線安全性のパラダイムに修正を加えることが重要である。

UNSCEAR（原子力放射線に関する国連科学委員会）の推定によれば、福島での避難によって過去4年間に回避された最高線量は71mSvである（同報告書の表C11及びC19）。前記で説明した証拠に基づけば、その程度の線量増加が癌を増加させることはないと思われ、だとすれば、緊急避難と長期避難はいかなる意味でも有益でなく、役立っていない。

従って、日本政府がそのような状況においてLNTモデルを放射線安全対策に継続的に適用することについて、その正当化を追求することが重要である。LNTモデルを肯定する目的で引用される証拠の多くは、前記で議論したように、正しくないことが明らかであるため、日本政府は様々な諮問機関に対してLNTモデル肯定のための決定的な証拠を示すように求めるべきである。

諮問機関に対しては、LNTモデルを否定する大量の公表済証拠に正当な反論をすることも、求めなければならない。

諮問機関がこれらの要求に対処できない場合は、日本政府は、苦難の結果から国民を保護するために今後はLNTモデルを適用しないという決定を宣言すべきである。

第1部　放射線科学の最前線

7. 福島の災害発生理由と
その再発を避けるための勧告

　福島における悲惨な結末の規模を考えると、これらの結果が発生した理由を解析し、その修正を実施できるようにすることが極めて重要である。国会及び司法の査問委員会を設置し、これらの結末を招来した基本的な理由を調査すると共に、将来同様のことが発生することを防止するための勧告を行えるようにすべきである。

7.1. 諮問機関は、人々の懸念を払拭し避難者を帰還させることに失敗している

　多くの諮問機関が放射線の安全な利用に関して世界のコミュニティに指針を示しているにも拘らず、福島では長期化した避難によって多くの人々の悲劇及び犠牲者が長期に亘り発生し、現在も継続中である。

　如何なる諮問機関（又は諮問機関からの指針を採用している規制当局）も避難の終わりを勧告できず又、福島での僅かな放射線レベルの上昇に対する政府及び住民の懸念を払拭することによって避難の終了を容易化することもできていない。

　原子炉が安定化し放射能がそれ以上大気中に放出されなくなった時点で、諮問機関と規制当局はバックラウンド放射線レベルを迅速に測定・評価し、避難中の福島市民の帰還を勧告すべきであった。チェルノブイリの経験から避難の長期化は結果として災害になることが判っていたのに対し、予想さ

第 2 章　福島の低線量放射線とどう向き合うか

れる癌の増加は、諮問機関が適用する未確証のLNTモデルに基づいてさえ、無視可能であり、検出できないレベルであるからだ。

7.2. LNTモデルの採用及び
その継続的適用の主要な理由の確認

　福島における緊急避難とその長期化及び悲惨な結末の主な理由は、LNTモデルの適用によって生じたLDNへの恐れであるため、なぜその仮説が1950年代に採用されたかを調査することが必須である。

　公表済みの証拠は矛盾しているにも拘らず、放射線に関するLNTモデルの適用を勧告した最初の諮問機関は、1956年に設置された「原子力放射線の生物学的影響に関する遺伝学パネル（BEAR）委員会」であった。同委員会のサマリー・レポートは、次のように声明を発表し、どんな僅かな放射線でも懸念されると表明した。

　　"ごく僅かな量の放射線でも遺伝物質を傷つける力を持つことに疑問の余地はなく"、且つ遺伝的に無害な放射線の量については"…ゼロ以外の数字はない。"

　このサマリー・レポートの基となった本文は1956年6月13日付でニューヨーク・タイムズに全文掲載されて注目を集め、ごく僅かな放射線でも酷く恐れる雰囲気が公衆の間に広まった。他方、1年後、BEAR Ⅰ／Ⅱ委員会の委員たちは

第1部　放射線科学の最前線

内部の交換書簡の中で、次のような発言を行っている。

> "遺伝子的な死亡及びとてつもない放射線の危険について話し合われた時、私自身はまともな顔を保つのは辛かった。大変著名な遺伝子学者の一団や、貴方が高く評価する意見の持ち主たちは、私に同意だよ。"
>
> "私たち自身、正直になろう。私たちは遺伝研究に関心を持っており、研究のために必要とあらばオーバーな指摘も喜んで行う。"
>
> "現在、原子力の遺伝への影響に関連するビジネスが、公衆の不安、その結果としての遺伝学の重要性に関する関心及びその認識を生じている。さもなくば遺伝学に目を向けないと思われる人々が目を向けるようになり又、さもなくば遺伝学の研究への予算獲得に繋がる力の提供はしないと思われる方々が力を提供してくれており、これは良いことである。"

委員会の委員の間で交わされたそのような内部のやり取りは、一般の人々から大きな尊敬を集め高度な専門家レベルの維持を期待される委員が、自己の利害でその勧告にバイアスを加えることを許し、極端に専門家らしからぬやり方で行動したことを示しており、その意味するところは非常に問題である。

入手可能な全証拠を再検証していれば、諮問機関はその後LNTモデルを排除することになっていたと思われるが、こ

れらの諮問機関は同仮説を否定する公表済みの証拠を無視又は棄却することによりLNTモデルを繰り返し圧倒的に是認している。例えば、BEIR Ⅶ 報告書は、癌誘発への大きな閾値線量とLDR被曝後の癌の減少を示した出版物を考慮していない。他方、同報告書は、LDRへの懸念を後押しするために、現在までずっと信用されていない、15ヶ国の研究からの根拠薄弱なデータを利用している。

1956年にLNTモデルを採用した国際委員会の委員が各自の利害から演じた役割に照らし、他の諮問機関はそのようなバイアスを除外することができず、その後多年に亘り、同仮説を採用し、その適用を是認してきた。LNTモデルを否定する証拠が蓄積され且つその使用から悲惨な結末が観察された後にも拘らず諮問機関がLNTモデルを排除していない事実は、そのようなバイアスが継続していることを示していると思われる。

7.3. 諮問機関と規制当局に必要な変化

現在の諮問機関の大きな欠陥は、放射線の誘発する疾患が低線量では重要でなく且つチェルノブイリの経験が避難に関連した疾患と犠牲の深刻さを示しているにも拘らず、そのような放射線で誘発される疾患だけに専ら集中していることである。彼らはチェルノブイリと福島の経験にも拘らず、放射線学的な健康問題に加えて総合的な健康保護を自らの任務として自主的に拡大することができていない。直ちに、放射線生物学の効果を専門的に扱う新しい諮問機関を設置して、彼

らには総合的な健康に重点を置くように修正された任務を負わせるべきである。同様に、規制当局に対しても、放射線関連の危険からの公衆の防護に加え公衆の総合的な健康を検討することを要求すべきである。

現在の諮問機関における欠陥は他にもあり、それは科学的方法に反した仮説を否定する証拠が公表されているにも拘らず、その仮説を排除しない行為である。我々の科学基盤での現在の体系的不備は、効果的な挑戦を行わず、そのような行為が継続することを許していることである。こうした体系的不備は適切な変更を制定することにより排除されるべきであり、そのような行為が続けられないように新しい諮問機関を組織すべきである。

8. 福島の低線量放射線とどう向き合うか

LDRが無害であることを示す豊富な蓄積証拠、諮問機関の失敗の解析、LNTモデル継続の理由、そして諮問機関の勧告に従うことから生じる不都合な影響等を公衆と議論し、LDRへの恐れを払拭すべきである。

8.1. 避難住民の再定住

UNSCEAR(原子力放射線に関する国連科学委員会)作成の最近の報告書は、避難中の住民が2014年3月11日に自宅に帰還していれば受けたであろう年線量を、最高4.9mSvと推定している(同報告書のC19参照)。これまで説明した証拠と

理由に基づけば、その程度の線量増による癌リスクの増加はないだろう。同様かそれより大き目のバックグラウンド放射線量の増加も、癌の増加を示さないだけでなく、癌の減少を示している。そのため、福島の住民は、今の時点で自宅に帰還したとしても癌リスクの増加に直面はしないだろうと保証されるべきであり、帰還を奨励されるべきである。

8.2. 損傷した原発から排出される汚染水に対処

産業廃水又は生活廃水の海洋への放出は、日常的な行為としては海洋汚染を避けるために通常は許されるべきではないが、稀な二重の大規模自然災害後に発生した福島の原子炉を巡る状況においては、認められるべきである。

また、この原発事故の特異な状況及び毎日莫大な量の放射性廃水を収集・貯蔵している現在の解決策には無理があることを考え、海洋への廃水放出に関して、政策的に例外を設けるべきである。海洋は強力な希釈力を持ち、その結果、線量は最低レベルに低下するため、そのように放射能で汚染された水を時々海洋に放出しても海洋の生物相や人間に害が及ぶことはないと思われる。

8.3. LDRの健康影響に関する間違った情報に対処

諮問機関公表の報告書及び一般メディアの出版物に基づき、LDRは癌を引き起こすと一般の人々の間で広く信じられているため、一般の人々を対象としてLDRの健康影響に関する大規模な教育キャンペーンを立ち上げるべきである。政

第1部　放射線科学の最前線

府機関又は非営利組織を設置して、一般メディアを通じてLDRに関する間違った情報を訂正すると共に、LDRの恐怖を煽る者を公共の論争に関与させ、詳細な証拠でそれらの者の視点に挑戦するようにしなければならない。

8.4. 原子力発電所の稼働再開

　2011年の原発事故の発生後、福島で経験された最も注目すべき点は、事故が大規模であったにも拘らず、放射線被曝では誰も死亡せず、また、今後の放射線の影響でも誰も死亡しないと予想されることである。これは、米国で地域の天然ガス・パイプラインを巻き込んで起きた最近の爆発事故で8名が死亡し79名が負傷したのと対照的である。この地域の人々が天然ガスではなく原子力エネルギーを利用していたなら、これらの死者と負傷者は防止できただろう。この対照的な結果は、既に報じられていることだが、他のエネルギー源との比較における原発の歴史的な安全実績を鮮やかに例証している。

　従って、2011年に発生した単一の事故だけで全ての原発の稼働を放棄するという日本政府の決定は、正当化されない。原発の稼働は、勧告された修正を完了させ、福島タイプの事故を回避する措置が行われた後、出来る限り速やかに再開すべきである。又、他のエネルギー源と比較した原子力の相対的な安全性に関して、持続的で強力な公共教育キャンペーンを立ち上げるべきである。原発の稼働再開に反対する人々を原子力の安全性に関する公共の論争に関与させ、それぞれの

懸念を払拭できるようにすると共に、持続的・声高で非論理的な反対に黙って従うことから生じると思われる危険と無理を、公衆に実証できるようにすべきである。

8.5. 放射線安全性のパラダイム・シフトで　　　日本が世界をリードする理由

　日本は、現パラダイムに従うことから生じる悲惨な結末という点で最大の被害を被っているのであるから、放射線安全性のパラダイムを変化させる上で、世界で最先端の位置にあることが正当化されるはずである。

まとめと結論

　2011年の福島原発事故から発生した悲惨な結末は、派生した放射線被曝によるものではなく、諮問機関が放射線安全性に関して勧告するLNTモデルの適用によってLDRの及ぼす癌への懸念から行われた被災地域の避難によるものであった。LNTモデルを否定し放射線ホルミシスを裏付けるかなりの証拠が蓄積されており、LNTモデルに基づいて公衆への線量限度を低く設定することは正当化されない。福島の避難によって過去4年間に回避された線量は最大約70mSvと推定され、蓄積された証拠に基づくとこの線量が癌を増加させることはないだろう。従って、福島の緊急避難とその長期化から得られた利益はなく、悲惨な影響が生じただけである。国会及び司法の査問委員会を設置し、発生すべきでなかった

被害者が発生した理由を調査すると共に、再発を防止するための修正・変更を勧告するべきである。

　現諮問機関は、LNTモデルを否定する証拠が蓄積されているにも拘らず、LNTモデルの後押しを変えようとせず又、放射線学的な健康問題に専ら集中することから悲惨な結末が見られているにも拘らず、対象範囲を拡大して総合的な健康を検討しようとはしていない。放射線学的な健康に加えて総合的な健康の保護も目標とし、全ての証拠の検討を保証するように構成される新しい諮問機関を設置すべきである。これが実現すれば、LDRへの恐れを排除すべく放射線防護のための閾線量を適用するという勧告に繋がるだろう。

　規制当局も再編し、放射線安全性の規則を策定する際に総合的な健康問題を検討できるようにすべきである。特に、規制当局は、LDRへの恐れから生じる害を防止するためのステップを講じることを求められる。原子力は、歴史的な実績によって最も安全且つ公害が少ない電源であることが証明されているのであるから、福島のような事故を防止する目的で適切な安全上の修正を完了させた後、原子力発電所を再稼働できるようにすべきである。

　強力な公共教育プログラムを開始し、諮問機関が失敗した理由、諮問機関の勧告に従うことで引き起こされる害、そしてLDRが無害である証拠等を議論し、LDRへの懸念を排除できるようにすべきである。避難中の福島の住民は、自宅に帰還して各自の日常生活を再開することを奨励されるべきである。間違った情報には出版物で反論し、LDRの健康効果

についてマスメディアで説明する専門部局を設置すべきである。日本は、LNTモデルに基づく現在の放射線安全性のパラダイムを使用することによる被害を最も被っているのであるから、放射線安全性のパラダイム・シフトにおいて世界をリードすることに最もふさわしい国家であろう。

第 3 章　核廃棄物とは何か？

レスリー・コリース

1. 核廃棄物とは何か？
   殆どの人たちは何も知らない

　"核廃棄物とは何ですか"と聞かれたとき、殆どの人たちは、核施設からのゴミあるいは、原子炉からの物質と答えるであろう。両方の答えは表面的には当たっているが、真実をついてはいない。全ての人間の行いはゴミを生み出す。我々は家庭ゴミの中に何が入っているかを知っているが、核廃棄物が何によって出来ているかを知っている人は、殆どいない。

　現実としては二つの区分けが存在する。低レベルと高レベルの核廃棄物である。低レベル廃棄物は殆どの工業廃棄物と同様に、基本的には清掃や機械の維持管理に伴って作り出されるが、異なる点は検出可能な放射能をおびていることである。核施設から出る低レベル廃棄物は、その総量と放射能において、病院、学校そして研究施設からの放射性廃棄物の総量とほぼ同量である。そして、それは石炭燃料の火力発電所

第3章 核廃棄物とは何か？

から、毎日排出されている、大量の、検査されていない飛灰より放射能は少ない。ただし、低レベル核廃棄物は本当は問題ではない。

高レベル核廃棄物は問題の核心である。特に原子力発電所において、効率的な連鎖反応を維持出来なくなった燃料体が問題である。核廃棄物問題とは高レベル廃棄物問題であるが、ここには多くの誤解が存在している。

原子炉から取り出された使用済み燃料中のいわゆる廃棄物原子とは核燃料中のウラニウム(U-235)とプルトニウム(P-239)の原子が分裂した後の残遺物である。これらの物質は、核の俗語で"分裂した物質"として知られている。日常語では、それらは核分裂後の原子達である。

核分裂後の産物はもはやU-235あるいはP-239でない新しく作られた元素達である。それらは、多くの普通の元素で、希土類、数種の金属や貴金属、そして銀を含む。中性子は稀にしか核を半分にはしない。まれにU-235やP-239は半分になることがあるが、ほとんどの場合そうならない。

ひとつ確実に起きることがある。もしあなたが新しい原子の原子番号、例えばセシウム(原子番号55)をとって、それをウラニウムの原子番号(92)から引けば、37という新しい原子の番号を得る。それは、ルビジウムとなる。簡単に言えば、ウラニウムの分裂から生まれた常に二つの新しい原子の番号を足すと常に92となる。P-239が分裂すれば二つの新しい原子の原子番号を足し合わせればプルトニウムの原子番号の94となる。

現実的には、セシウム―ルビジウム対は全ての可能なU-235分裂の中で最大の確率の10％弱を占める。2％から9％の範囲内の対は、バリウム―クリプトン、ストロンチウム―キセノン及びイットリウム―沃素である。大多数の対(常に原子番号92又は94となる)はより可能性が低く、最も低い鉄―ヂスプロシウム対の0．001％の可能性に至る。全部ではU-235の分裂により42の可能な元素が生まれる。

　プルトニウムにおいては、原子対はP-239がより多い原子番号を持っているために(U-235より2つ多い)生じる原子対は少し異なる。それは、四つの付加的な元素を含み(マンガン、クロミウム、ホルミウム及びエルビウム)その全ては0.01％以下である。全ての場合、これらの新元素は直ちに放射能を持つ。

　最も強い放射能を持つのは極度に短い半減期の元素群で、最も弱い放射能を持つのは長い半減期の元素群である。我々が問題としなければならないのは半減期が一日から50億年の元素である。全ての放射性物質は9回(より厳しく見ても10回)の半減期を過ぎれば計測可能な放射能を失う。原子炉が止められてから、使用済み燃料が長期の保管に移されるまで最低でも10日はかかるので、超短期の半減期を持つ同位元素は問題にはならない。

　逆に、半減期50億年以上の同位元素は放射能が極度に低いため全く安定していて、放射能を持たない元素と区別することは困難である。それらはその低い放射能の故に、長期的に問題とならない。興味深いことに、幾つかの元素はあまり

第3章　核廃棄物とは何か？

に放射性が低いため、それらの放射性の性質は、広島原爆の35年後に超高感度の検出機器が登場するまで解らなかった。これらの低放射性物質はインディウム-115、テルリウム-130及びランサヌム-138(これらが全てではないが)を含み、全て半減期は10億年以上でどれも放射性物質として考えるべきではない。これら全てはまた核廃棄物の中に含まれている。

　数値的にはU-235とPu-239が分裂して出来た元素中5％は半減期1日以内である。高レベル核廃棄物の内の、のこりの75％は半減期1日から5年である。それゆえ、核廃棄物の内のほとんどは50年後には放射性を失ってしまう。これらの元素はネオディウム(溶接工のゴーグル、天文学の光解析機器やレーザー技術)、ルセニウム(低コストの太陽光発電)等に使われる価値の高い希土元素類である。

　これらの希土類はハイブリッドカーや風量発電タービン、コンピューター・ハードドライブや携帯電話に使われている。それ以外にも、核廃棄物中には多くのカドミウム(蓄電池や電気メッキに使われる)のような有用な物質が含まれている。使用済み核燃料を50年間厳重に管理された保管庫に入れたあとにはこれらの物質が活用できる。再処理されていない使用済み燃料を埋蔵してしまうのはこれらの貴重な物質を捨ててしまうことになりそれは本当に無駄を作ることになる。

　核廃棄物中で8元素だけが50年後になっても問題となる放射能を保持している。また、核廃棄物の中の15の希土類の中の3元素だけが50年後にも検知できる放射線を出している(プロメシウム、ガドリニウム、テルビウム)。再処理によっ

てこれらの放射性元素は他の放射性の無くなった元素群から分離されて、さらなる保管に移され得る。しかしこれらの放射性元素は捨て去られるべきなのか？　勿論そうではない、なぜなら3種類の価値の高い希土類と少量の銀(最も長い半減期100年)が含まれているし、加えて4種類の価値の高い貴金属類が含まれているからだ。将来的にはこれらの貴重な物質は取り出されて我々の未来の世代に価値の高い資材として利用されるはずだ。結局のところ、忍耐は徳である。

　殆ど言われてこなかったことであるが、使用済み核燃料の中で半減期が数週間より少し長いものは医療分野において非常に有益である。それらは特別の放射性同位元素(セシウム、ストロンティウム、イットリウム、沃素そしてキセノン)を含む。使用済み核燃料を原子炉から取り出して数ヶ月以内にリサイクルを行うことによりこれらの貴重な医療用資材は得られる。これは使用済み核燃料をそのような短期間で再処理しなければならないという事ではない。しかし、新しく得られた使用済み核燃料を、ゴミと呼ぶことは大変間違っている。

　"核のゴミ"を作ることによって、我々は昔の錬金術師の夢だった、普通の物質を貴金属に変換することを実現することができる。U-235とPu-239を分裂させ、使用済みの燃料を50年後に再処理することによって、我々は多くの貴重な資源を得ることが出来る。実際のところ、有用な元素を再処理によって取り出した後は、残った燃料を地中に埋蔵すれば500年後にはそれは天然ウラン鉱石より低い放射能しか持たない。勿論それは長い年月ではある、しかしそれは、新聞等のメ

ディアや多くの政府の機関によって日常的に喧伝されている1000年かける1000年と言った物ではない。

使用済み燃料は、再処理しなければ、たしかに10万年以上にわたって天然ウラン鉱石より有害であり続けるが、私たちがそれを選択しなければならない必然性はない。

2. 廃棄物は永遠に放射能を生み出すのか？

もう一つの神話は高レベル放射性廃棄物の放射性寿命である。それは永遠ではない。全宇宙は星による放射性同位元素の生産の為永遠に放射能を持つ。

しかし核施設からの高レベル放射線はそうではない。ここに、冷厳で科学的な事実を述べよう。

新しいウラニウム燃料は、天然ウラン U-238 と U-235 元素からなり、内訳は 97〜99％の U-238 と 1〜3％の U235 からなっている。原子炉中で3年使用された使用済み燃料は5％の各種（ゴミ）元素と 1％のプルトニウム同位元素及び94％のU-238 である。天然の U-238 はその他の元素とプルトニウムを含んで、その半減期は45億年である。

"永遠の放射性物質"のアイディアは、使用済み燃料の大多数を占める天然のU-238が半減期45億年であることから来ている。核燃料は地中から取り出された時既に45億年の半減期を持っており、それ故原子炉に入れられるまえに既に永遠に放射性を持つ。再処理されていない核燃料は現実として500年後には天然ウランよりも放射性は少なくなる。なぜな

ら99％以上の核ゴミ元素類はその放射性を完全に失うからであり、又プルトニウムの半減期はU-235に比べかなり短いので、天然のウランに比べて総体の放射性は短縮される。核のゴミと使用済み核燃料は"永遠の放射性物質"では無いのに何が問題なのか？

3. プルトニウムは大問題…本当に？

プルトニウムは大きな問題と認識されている。広島原爆以降50年にわたって、プルトニウムは人工的に作られた元素で、爆弾製造と言ういう唯一の目的を持っていると信じられてきた。すべてのプルトニウムは爆弾を作りうるということから"兵器水準"と考えられ、それ故原発からの使用済み燃料は1マイル～2マイルの深さの硬い岩盤や岩塩抗に埋められ、そこに保管されるのが最善であるとされてきた。科学的な真実は原子炉からのプルトニウムはそれらの、基本的に間違った確信とは全く異なるものである。

1990年代後半、プルトニウムは世界の若干の天然ウラン鉱の中に痕跡として存在することが発見された。U-238は原子炉の中では核分裂しないが、非常に小さい確率で自然中で核分裂する。

ということは、稀にはU-238原子は自然に分裂するということである。それぞれの自然核分裂は周囲のウランに3個の中性子を放出することになる。周囲のU-238はそれらの新しく創られた中性子を多く吸収し、U-239となる。U-239はす

ぐに放射性崩壊を起こす。なぜなら、その原子核中の中性子の内の一つは電子を放出し(ベータ崩壊)陽子となる事により、新原子ネプチウム239となる。Np-239は又すぐにU-239と同様の崩壊を起こし、核から電子を放出してPU-239となる。これは、非常に純粋な天然ウラン鉱の中でのみ起こると考えられる。希少なウラン鉱石中の天然のPU-239の痕跡の発見はニュースメディア、大衆、また科学社会にはほとんど影響を与えなかった。しかしそれは核科学者には衝撃を与え、それは核科学者を何十年にも渡って悩ませてきた問題に答えを与えてくれた。

4. いったいどこから天然のU-235は来ているのか？

それは地球上のウラン鉱脈の中でのみ発見されている。U-238は宇宙線の中に時々存在するが、U-235は見当たらない、そして多くの非ウランの鉱脈(例えば石炭)の中にもU-238が少量存在するがU-235はない。それ故、地上で見つかっているU-235は非常に不思議な現象である。それから上述の、天然のプルトニウムが発見された。また非常に驚くべき発見がなされた。半世紀にもわたる軍用原子炉の運転によって大量のプルトニウムが生産された結果そのある部分は数十年にわたって兵器になる前に文字どおり備蓄されてきた。その期間中にある不思議な現象が起きていた。計算されていたPu-239とU-235備蓄の比率が異なってきたのである。U-235は少し多く、Pu-239は少し少なくなっていた。何が起

きたかというと、Pu-239原子核がヘリウム原子核を放出する事によって（アルファ崩壊）、U-235に変わっていたのである！　これらの発見は核物理学者に天然に存在するU-235に関する可能性を与えてくれた。

地球が45億年前に出来たとき、50％のU-238と50％のPu-239が均一に混ざって存在していた。

Pu-239は半減期24000年である。約25万年後には、すべてのPu-239はU-235に変わっていた。U-235は半減期7億年である。地球が出来てから45億年が経過し、U-235は6.5回の半減期を経ている為、今日ではウラン鉱石中で0.7％となっている。

それ故、我々がPu-239の残滓を幾つかの天然ウラン鉱石の中で発見し、またプルトニウムの生成物であるU-235がプルトニウムの備蓄の中で発見されたことにより、我々は、プルトニウムは現在も過去においても未来においても天然の元素であるといえる。

5.　兵器グレードという神話

しかし、我々が言及しなければならないのは、原子力発電所によって生み出されたプルトニウムに日常的に貼られている"兵器グレード"というレッテルである。不思議に聞こえるかもしれない質問をしてみよう。それは本当に兵器グレードなのか？　原発のプルトニウムは核兵器を作るのに本当に使えるのか？

第3章 核廃棄物とは何か？

　新しい燃料棒が大型で比較的新型の原子炉(1975年から1987年の間に建設された)に挿入されるときそれは1％のU-235を含む。燃料棒が3年の寿命を終えて原子炉から取り出されるとき、U-235はほとんど残っておらずその代わりに5％の"廃棄物原子群"と1％のプルトニウムがある。5％の廃棄物原子類は面白い事実を語る。そのうち20％しかU-235の核分裂由来の物は無い。1％のウラニウムは5％の廃棄物原子を作る事は出来ない。数字が合わないのだ。80％の廃棄物原子群はどこから来たのだろうか？　プルトニウム分裂からである。最初のU-235の核分裂は、U-235が分裂していくのと同等の速さで、U-238をプルトニウムにしていく。そして、燃料棒中の寿命の80％のエネルギーはプルトニウムの分裂からのものである。更に、原子力発電用の原子炉からの使用済み核燃料中の1％のプルトニウムは、最初に挿入された燃料棒中の、1％のU-235と同様、"兵器グレード"ではない。プルトニウムを含む使用済み燃料は新しい燃料棒と同じく、兵器グレードではない。

　しかも、原子力発電による、プルトニウムを兵器グレードと呼ぶにはもう一つ問題がある。発電炉で生み出されたプルトニウムの1/3は爆弾を作りうるPu-239では無い！　プルトニウムの1/3は爆弾を作れない。

　発電炉のなかで生成するプルトニウム同位元素は2種類である、Pu-239及びPu-240。Pu-240原子は自然に二つの中性子を吸収し、Pu-242となるが、それはアルファ崩壊することでU-238となる。最初に戻るとも言える。使用済み燃料中

のPu-240は0.32％、Pu-239は0.68％となる。それは、原子炉用燃料としてはけっこうなことだが、爆弾には出来ない。燃料中の100％純粋プルトニウム、68％Pu-239及び32％Pu-240は、Pu-240が核分裂を起こさないために、決して爆発を起こさない。

更にPu-240は、Pu-239に比べて中性子をより多く吸収する。それゆえ、Pu-240は爆弾——毒と正しく定義できるだろう、なぜならそれは中性子を多く吸収することにより、極端な連鎖反応が爆発につながることを防ぐからだ。これらの二つの理由により、発電用原子炉からのプルトニウムは"兵器グレード"とは成りえない。これらにより、発電用原子炉からのプルトニウムは"兵器グレード"とはとても言えない。

6. 数千年以上の燃料としての寿命とゼロCO_2

ウラニウムは、原子炉、軍事装甲車両そして爆弾以外の用途は殆どない。プルトニウムは原子燃料と爆弾にだけ有用である。原子炉中で分裂する全てのU-235とPu-239の原子核は爆弾として使用するには原子が一つ足りない。これらの爆弾可能性のある同位元素をそれらを爆弾転用性のない有用な元素群(核のゴミ)にしようではないか。

適切な環境主義を取り入れて、使用済み核燃料に対してリサイクル(再処理)を行おう。発電所からの使用済み燃料の94％は(50年後にも)未だに良好な燃料であって、我々は価値の高い非放射性の核のゴミ元素群を回収するのみならず、

新しい原子炉の燃料となるウラニウム―プルトニウム混合物を得ることができる。

　使用済み燃料を再処理せず、それらを毎回廃棄物として永遠に捨ててしまえば、我々はU-235を150年程で使い切ってしまうだろう。思い出して欲しい、U-235は天然の中では同位元素の痕跡として発見されたものである。しかし、使用済み燃料を再処理することによって、その使用可能期間は数千年以上の延長され、そして我々の電力はCO_2発生なしで生み出されることをよく考えて欲しい。

(翻訳：高山三平)

第4章 放射線に対しての
　　　　「迷信」からの脱却を

　　　　　　　　　　　　　ウエード・アリソン

はじめに

　2011年3月に起った福島第一原発での放射線災害は、興味深い。大量の放射線が漏れ、最も深刻なレベルの事故にランクづけされた。それにも関わらず、1人も放射線による死者が出ていないという現実には、説明が必要だ。

　放射線科学の生命に対する貢献について、私たちは間違った認識を持ってきた。福島からだけでなく、他の事故や、医療その他の分野で現代科学の知識が知り得る、あらゆる入手可能な物的証拠を、私たちは再検証すべきなのだ。重要な結論は、生命細胞が放射線(厳密には、放射線イオン)にどう反応するかである。この反応は、地球上の生命の物語のはじまりに遡る。この反応がなければ、生命は生きのびることができなかっただろう。しかしその効果は、全ての放射線事故で、生命が失われたことが極めて少ないという矛盾があるというのに、現在の安全基準に於いて、あからさまに無視されてきた。

第4章　放射線に対しての「迷信」からの脱却を

　産業や農業で、起り得る被害を防ぐための安全基準をつくるにあたっては、リスクは控えめに考慮されるのが常だが、こと放射線被害に関しては、歴史や文化の背景から、まったく逆になっている。

　1世紀近く、核技術が何をもたらすかについての理解は、曖昧にされてきた。特別に警戒的な権威が、特別な専門性を楯に、隠してきたのだ。その全体像は、歴史に埋もれ、難解に思われているが、実はシンプルで、一般的な表現によって容易に理解することができる。

　多くの人は、物質世界の大部分が放射性物質であることに気づいていない。放射線は、人口過密となった地球の未来に、驚くべき貢献ができるのだ。もし核エネルギーが、多くの人が誤解しているような環境の脅威でないとしたら、大気汚染、クリーンな燃料や水、食糧の不足といった人類が直面する、最も深刻ないくつもの問題の解決策となりうるのである。いかなる民主主義社会でも、これは重要なテーマで、選挙民は、この問題を理解する必要がある。そうしないと、非合理なムードや流行に左右され、意志決定が為されてしまうからだ。

　地球上での私たちの優越というものは、開放的な相互信頼を通じた知識、自信そして共同作業によって成り立っている。ところが核技術となると、こうした繋がりが破壊されてきた。その絆を取り戻すには、その巨大で閉鎖的な文化を、変革することが必要となる。それはトップダウンで動く委員会のようにはいかない。科学と技術に対する人々の信頼を、シンプ

ルな証拠を示すことを通して、ひとりひとりが理解をすることが必要であるからだ。そうすることで、核の可能性が明らかとなり、もはや恐怖や曖昧の源ではなくなることだろう。

1. 近年メタンと二酸化炭素が大気中で異常増加している

　化石燃料は、大気を汚染している。メタンと二酸化炭素の濃度は、毎年急上昇しており、この数十万年の間で2倍ないし4倍に増加している。温室効果ガスのことを考えれば、南極と北極の氷が解け、世界の気温が上昇しても、驚きに値しない。それは自然現象であって、人間の行動によって引き起こされたものではないかもしれない。しかし、たとえそうであっても、自動車事故を必ず起こすという証明ができなくても私たちは自動車保険を掛けるように、緊急事態として、化石燃料を他のものに代替することは、理屈にあった処置である。いわゆる再生可能エネルギー(水、地熱、風、潮、波、太陽光)も、まったく充分ではない。バイオ燃料やバイオマスは、化石燃料とほぼ同じくらいの炭素を大気に排出する。

　政治的な自信に火をつけられ、ドイツは化石と核を燃料とすることをやめる政策を取った。他の多くの国々は、より科学的な見地に立って、核エネルギーを使うようにすることが気候変動に対処する最善の策だと考えるようになった。この政策に、技術的な困難はまったくない。しかし核エネルギーとその放射線は恐ろしく、危険なものだと思われていて、広

く受け入れられていない。原因は人々が耳を閉ざして、知ろうとしないことにある。放射線の恐怖というのは、まったく科学的根拠を欠いているのだ。証拠というものは、ハッキリと説明され、広範に理解されなければならない。放射線恐怖は、安く炭素を排出しないエネルギーの供給にとって、唯一の障害となっているからである。

　核技術を封印することで私たちは大きな間違いを犯した、というのが真実だ。この大きな間違いは、頑迷不屈で、それを超克するには個人と政府が一体となって行動することが、求められる。なぜ、そうならないのか？　どうしてこの大きな間違いを犯してしまったのか？　そのことを説明するには、もう少し頁をめくり、いくつかの広範に持たれている見解を、検証してみる必要がある。

2.　安全と医療

　放射線は安全なのか？　安全としても、どの程度か？　確実に安全と、どうすればわかるのか？　端的に言えば、放射線は安全で、病気の診断で命を救ってきたし、1世紀以上にわたり癌を治療してきた。マリー・キューリー夫人がその草分けだ。医療診断に使われる放射線の線量は、チェルノブイリや福島などの原発事故で人々が浴びる放射線の線量より、はるかに高い。しかし、どうしてわかるのか、というかもしれない。科学について安全と自信を持っているからだ。それには、自分自身で勉強し理解に努めることも必要だ。理解し

たら人に伝え、全体の信頼を構築する必要がある。こうした教育と信頼のネットワークなくしては、科学のみならず全ての分野で、人類は破滅する。もし安全と自信を求めるなら、何が起こっているかを知る必要がある。

　放射線に関しては、私たちはまず線量を示す数値を確かめて、それから質問をすべきなのだ。放射線治療で患者の腫瘍を焼殺するには、一般的なCT検査の200倍以上も高い線量が必要となる。その半分の線量を毎日、5週から6週間浴びても、周辺の細胞はほとんど生存している。安全というのは、ただベッドに横たわって何もしないか、ある程度のリスクによって目的を達成するかの狭間に常にある。放射線治療は、95％の確率でいまある癌を治療できるが、5％の確率で新たな癌を生む。放射線がどういう働きをするかの証拠を見て理解しているだけでは、安全も、そこから生まれる自信も、達成することはできない。

3. 火のリスクと放射線リスク

　何十万年、或いは100万年とも言われるが、そんな太古に人類は、火を家庭に持ち込むという聡明な考えを持つに至った。もちろん安全ではまったくない。しかし温かい食事、暖かい生活という水準は、リスクを超える恩恵を即座にもたらした。当時の火のリスクと、今日の核は同様だ。違いは、核のリスクのほうが火のリスクより、はるかに小さいことだ。いずれの場合も、カギは教育にある。

第４章　放射線に対しての「迷信」からの脱却を

　物質世界について教育が必要な一例は、太陽の紫外線からの防護だ。親たちは、過度の日焼けとそれによって後の人生で皮膚癌になることを防ぐために、子どもたちをどう教育すべきか簡単なアドバイスを与えられている。生きた細胞にダメージを与える因子として、紫外線は、X線より強烈ではあるが、ダメージはより少ない。しかし、効果は共通している。初期の細胞死(日焼け)と後の癌(皮膚癌)である。こうしたことは、核の放射線の効果とは数量的に比較はできない。しかし、紫外線からの癌はよく見られるものの、放射線から生じた癌は極めて少ない。それにも関わらず、一般の憂慮は、真逆だ。

　福島では、放射線による死者は皆無だった。線量はあまりにも低く、今後も死者はゼロ、今後50年でも、発電所内で働いていたとしても、死亡する人は出ない。チェルノブイリでは、放射線による死亡は、子どもの甲状腺癌死が15人、初期の火事の消火にあたった作業員28人が数週間で死亡している。福島では、死亡は強制避難と恐怖によるもので、放射線が原因ではない。同様の(理不尽な)死亡例はチェルノブイリでもあった。その中には、遠隔地で行われた不必要な強制堕胎によって殺された数千の命が含まれる。パニックが原因だ。一方、チェルノブイリの野生生物は、人間が去っていった後で、いまも生きている。その様子は、ほのぼのとした映像として撮られている。

　核エネルギーが、化学的エネルギーより100万倍も強力であるのがなぜなのかは、科学的な映像や数値計算によって知

ることができる。ところがこのエネルギー源は、効果的に温存され、19世紀末になるまでその存在すら知られることがなかった。それでも残された疑問は、もしその人間の細胞が核放射線に露出するという稀なことが起きたら、いったいどうなるのだろう？　ということである。

　奇妙に映るであろうが、このものすごいパワーをもった核放射線は、とてもひ弱と考えられる生命に対して、わずかな影響しか及ぼさない。その理由は、生命の目的の全てが、この地球環境の中で生き残れるかどうかにあったからだ。放射線イオンと酸素は、生命細胞を脅かす2つの最も強力な物理的な因子だった。そうしたものを防護することによって、生命はずっと存在してきた。それが生命が営んできた全てのことだった、と言っても過言ではない。その他に、時々他の細胞やウィルスとの戦いがあったくらいだ。生命構造の各要素は、この2つの脅威から生き延びるよう設計されている。食事、呼吸、生殖、生命が独立区分された個々の組織へと分裂するのも、そうした組織の構成が、無数の独立した生殖細胞となるのも、全てそうだった。

　30億年に及ぶ進化の過程で、この防護は完成されたのだ。最新の放射線科学の研究によって、細胞が、酸素や放射線の攻撃を、戦略的な修復や交換、適応や補給によって対処するメカニズムが明かになってきている。その最新の知見と比較して、官僚的なあらゆる放射線防護の規制は、はるかに時代遅れとなっている。医療に於ける放射線や、チェルノブイリ、福島など放射線事故の影響を心配する人々もいるが、人々は、

偉大な自然の防護の恵みを受けていることに、驚嘆すべきだ。そうすれば、マリー・キューリー夫人が先駆となった伝統を踏襲して、放射線が現代医学や健康にもたらした恩恵を歓迎できるようになる。

4. 核に対する迷信の歴史的背景

　20世紀は、激動の時代だった。恐怖の存在によって、見方が歪められてしまった。著名な科学者も例外ではなかった。歴史的視点から、そうしたことも今では落ちついて考えることができる。冷戦時代には、核武装の競争が放射線の恐怖を増長した。大衆を教育するかわりに、当局はまったく必要のない低線量の放射線まで防護すると約束することで、恐怖を鎮めようとした。これが失敗だった。放射線事故が起こると、人々は、生命に対する放射線のリスクも関係なく、パニックに陥るようになった。当局も、誤った情報によって、安全と自信は、規制によってではなく、教育によってもたらされるということを、見失っていたのだった。

　冷戦のプロパガンダ。核戦争における放射線恐怖からの効果。これは数十年に渡って除去されなければならない地雷のように公衆の意識の中に存在してきた。これらは正当化されえない。

　──もし人々が放射線を浴びたと言われた場合、その効果は、中世期の呪いのようなものである。いずれも、人々は

理由なくは意気沮喪し、死ぬかもしれない。それは、ブードゥー教の呪いや魔女の力のようなものである。

恐怖感を不適切なALARA（As Low as Reasonably Achievable 達成できるだけ低線量で）という原則で鎮めようとするならば公衆の不安に、短期的に絆創膏を貼るような行為であり、長期的には、それは誤解と信頼の喪失を生む。この誤った戦略は、国連にまで達している。それは、日本だけではなく世界的な問題である。いや、問題というより、それは犯罪である。

恐怖は、規制によってではなく説明的な教育によって、解消されるべきである。放射線は非日常的なものではなく、我々と無縁なものでもない。それは日光にも、命を救う医療にも存在し、使われている。放射線は自然状態で存在し、我々全ての体内や、温泉、スパに含まれている。

核廃棄物は、CO_2や家庭廃棄物に比べて極少量であり、また、火の場合のように広がったり、熱連鎖反応によって拡大することもなく、生物ゴミの中の病原体のように増殖することもない。連鎖反応は稼働中の原子炉の中でしか起きない。核廃棄物は火からのCO_2のように大気中に排出されない。核廃棄物は、冷却され、固体あるいは液体の形態で10年あるいはそれ以上保管することが可能であり、かつ、95％再使用可能な、いわば未利用な燃料である。

核分裂生成物は、正に使用された物で、そして未利用のアクチナイド（プルトニウムを含む）から分離される。未利用の燃料とプルトニウムは通常の原子炉で再利用される。アクチ

ナイド(放射性元素群)は既に幾つか建設されている高速増殖炉の中で燃焼させられる。核分裂生成物は埋設され、数百年後には無害なものとなる。

しかし、もしも廃棄物が再処理されなくて単に埋設されれば、その価値は著しく低められそして放射性は非常に長期にわたる。何らその正当な理由がなかったにも拘らず、1977年にカーター大統領は愚かにも反核運動の一環として米国における高速増殖炉の建設を止めさせてしまった。

結論として、核廃棄物についても、人びとの恐怖は根拠がないものであり、再利用や無害化は可能である。

私は以下の5点を日本および国際社会に提言する。

1. 原子力の平和利用は、社会の政治的・経済的不安定、環境問題、人口問題、水資源・食糧問題などの世界的危機に対処することができる。
2. 国連の放射線安全基準は科学的であるべきで、人の安心感ということを基本とすべきではない。現在の安全基準は、核の利用コストを、安全の不安なしで、削減できるものに変えるべきである。
3. 教育のあらゆるレベルにおいて核の恐怖を取り除くことが必要である。科学と社会に対する信頼を、単純な言葉を使っての説明のより築き上げる。情報が遮断された民主主義は、不安定なものである。
4. 現在の核安全に対する国際基準は、権威主義的な政府に有利に働く(ロシアは28箇所の原子力発電所を建設

中で、そのうち19箇所が海外)。民主主義は、非競争力を失う危険に陥っている。
5. 日本は、現存の原子力発電所を再開すべきで、ほかの国でも同様にすべきである。

　すべての使用済み燃料は再処理されるべきである。それらは特別に危険なものではない。

　世界の国々は、原子力発電所と高速増殖炉をさらに増設すべきであり、将来はトリウム原子炉と核融合炉の研究に投資するべきである。

付記　本稿は、ウェード・アリソン氏の最新作「Nuclear is for Life. A Cultural Revolution.」第一章の要旨を、著者の許可のもと翻訳し、また同氏の「何故放射線は安全で、全ての国々は核技術を尊重しなければならないか」https://www.youtube.com/watch?v=Xs744dePnD8 における内容により構成したものです。アリソン氏の主張が最もわかりやすく説かれている文章として、独立した論考としてここに紹介しました。(編集部)

第 5 章　放射線と社会
──低線量放射線への過剰な反応──

ウエード・アリソン

　福島の事故は、それまで生物学、化学の進歩によりデータ上提示されていた、低線量放射線の本来の安全性を証明することになった。医療における放射線撮影、また、日常の仕事の余暇に自然環境で浴びている、ごく日常的な放射線照射が、個々人に利益をもたらしていることについてよく理解している人は、現段階では少数派である。冷戦時代にさかのぼる放射線への不条理な恐怖感が、非科学的な国際基準によって、さらに悪化しているのが現状なのだ。環境改善と、世界の経済的利益のためにこの現状を変革し、民衆に啓蒙して科学への信頼を再び確立することが今こそ必要である。

1.　福島で露呈した政策の失敗

　社会の安定の維持のためには、経済の発展と雇用の促進のために安定したエネルギー供給が必要であり、その為の民主的な議論に基づく理解と、信頼できる決定を行うための社会

的共通基盤が不可欠となる。福島の事故は、この理解と基盤が同時に破綻に直面した。しかし、低線量率と中線量率の核放射線が、一般には無害であることも実証したのである。

　これらの破綻は、日本に特有なものではなく、ほとんどの国際社会で共通に起こった。その大きな理由の一つは、人びとが世界の権威者によって広められている、生命への放射線の影響についての頑迷な歴史的認識を共有しているためである。この認識は、近代生物学、及び公衆衛生に対して広く実際に使われている放射線医学の実態と合致していない。炭素燃料が現実に及ぼしている環境への悪影響を考え、化石燃料を原子力や原子力発電で置き換えることにより得られる大きな利益について、民衆はより多くの正しい情報を与えられねばならないし、それによって確信を持たねばならない。

2. 安全とパニック

　2011年3月、日本では互いに関連する3つの出来事が発生した。最初は地震と津波で、約2万人が死亡した。これは例外的な自然災害であった。第2には、福島第一原子力発電所で、3基の原子炉が破損し、多量の放射性物質が放出されたが、死者または重度の障害は発生しなかった。つまり、これは事故ではあったが災害ではなかった。第3に、政府当局と国民がパニックに陥入り、これが世界中に広がった。

　日本では、地震と津波の事故における安全対策は「ボトムアップ」であり、これまでの経験から迅速に国民は対処する

ことができる。しかし放射線事故では、人びとに基礎知識がなく、噂とそれが巻き起こす恐怖が発生し拡がる。既存の放射線対策機構は「トップダウン」であり、国連からの指導に基づいている。冷静な対応と、当事者の選択の権限を与えない。原子力や放射線が、ほとんど生命に脅威を及ぼさないこと、ひどく恐れるには当たらないことを、社会のより多くの人々が理解していたら、民衆は安心しパニックは起こらなかっただろう。

3. 本来の安全性

核エネルギーからの害に対する実際の防護は、原子炉とその内容物の制御、そして放射線が人間の生命に及ぼす影響の制御という二つの部分から成り立っている。福島での事故後、物理学者と技術者は、放射線の規制のために、主として前者の改善に取り組んだが、多くの努力にもかかわらず実際の効果は乏しかった。

実は、化学工場や化石燃料の重大事故に比べて、大規模な原子力事故の方が、遥かに人間の生命に及ぼす危険は少ないことは歴史的に証明されている。現在の国際的な放射線安全基準値の決定においては、この事実と、それを支持する科学的根拠が無視されているのだ。科学的な根拠に基づく公衆への説明や啓蒙を行うよりも、現在の制度は歴史的に続いてきな放射能への恐怖感に沿って、その恐怖を鎮静化するために設定されている。

第1部　放射線科学の最前線

しかし、2011年3月以降、日本または世界で、未だに放射線恐怖症のパニックは続いている。つまり、鎮静化をはかるための政策や基準値の設定は、意図したような安心を世界にもたらすことに失敗しているのだ。

4.　安定化

核放射線は、高い量子エネルギーを持つ(MeV単位)という一点においてのみ、他の物理的効果と著しく異なった性格を持つ。そのエネルギーは、生物分子を損傷させることが可能なエネルギー単位(1 eV未満)の百万倍である。それにもかかわらず、生命体は放射線による攻撃を生き延びることができるように進化し、それへの防護システムを兼ね備えてきたのだ。

放射線は、ウイルスや細菌のような生命体と違い、人体への攻撃のモードを、変化・進化させることはない。物理現象であるからその反応は不変である。そのため、十分な時間が与えられれば、生命はその膨大なエネルギーを回避する方法を見出してきたのである。

今日では、放射線生物学者たちは、その重層的な生物学的な防護メカニズムの多くを理解している。過去の被ばくをきっかけとしてもたらされた、最適なパッシブデザイン、さまざまな活性反応、いくつかの適応戦略を備えた生命体は、地上に最初に現れた最も単純な生命形態以来の必要性から、中程度の化学的ならびに放射性の侵襲による、継続的なダ

第 5 章　放射線と社会

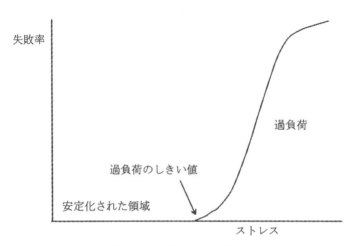

図1　ストレスへの一般的な安定化された応答は、特定のしきい値を上回るストレス・レートにおいて失敗を示す。

メージに対しては安定を保てるようになっている。

　生命の生化学物質に対する放射線の初期ダメージは、量子力学でいう一連の独立した衝突からなる放射線によってもたらされ、基本的に加算的、つまりは線形である。しかし、それに続く有機体の反応は、加算的でも線形でもない。工学や電子工学もしくは経営におけるすべての安定したプロセスと同様、最終的な反応には、フィードバックや置換、修理、監視が使用されている。

　一定以上に高いストレスのもとでは、防護的なこの安定が破綻する。わかりやすい工学の例だと、道路の凹凸に対する車のサスペンション機構である。一定以上に大きな凹凸については、サスペンションは乗り心地を保てない。つまり、図

1で定性的に概説しているように、継続的ダメージを避けられるしきい値があるのだ。

5. 放射線と酸化性ストレス

放射線の初期効果がまったくの無差別で、生命体組織中の主成分が水だとすると、ただちに現れる放射線被爆の効果は水の放射線分解である。結果として生ずるH【水素】やOH【水酸基】のラジカル【ヒドロキシラジカル】や(それらの)イオンなどの分子断片は、活性酸素(ROS)といわれる。これらは、ミトコンドリアから漏出する酸素の化学反応でもたらされるものと区別がつかない。

重要なのは、ROSが引き起こすDNAに対するダメージが同じであり、化学物質の侵襲に対する防護をするように発達する安定化が、放射線によってもたらされるダメージに対しても同様に効果的であるということである。この能動的防護機能は動的なため、特有の反応時間があり、ストレス値の一定のしきい値において、その防護機能は破綻する。進化が、安全を追求するこのシステムを自然にもたらしたのだ。

顕微鏡レベルにおいて放射性ならびに酸化の侵襲から生命を防護することは、40億年近くにわたって生態にとっての大きな課題でありつづけてきた。ある生命形態がもし防護されなかったとしたら、他のものに取って代わられてしまったであろう。

6. 非線形応答に対する問題

　ここで、二つの重要な問題がある。第一に、前述した特徴的な応答時間とは何かということである。すなわち、損傷が修復される前に、初期の損傷がどれほどの時間にわたり蓄積するのかという点である。事実、その時間は一定期間に及ぶ。

　DNAの一本鎖切断(SSB)は数時間以内に酵素によって修復される。いくつかの他のプロセスは、数日または数週間の時間を有する細胞サイクルに関連している。免疫系の監視によって行われる生体防護は連続して行われる。安全とみられる修復時間としては月単位が必要だとされ、これは臨床における回復の時期とほぼ同一である。

　第二の問題は、持続的な損傷に対し、防護ができなくなるしきい値であり、しきい値は1カ月当たりの線量で計られる。この防護の限界は、早期性と、晩期性の二種類がある。広範囲の細胞死は、細胞サイクルが活発な有機体を維持することを妨げてしまう。これが急性放射線症候群(ARS)であり、数週間以内に発生すると想定される結果である。第二は、不充分なDNA修復の偶発的な影響を免疫系が抑制するのに失敗したことによる、癌の発生と進行であり、数年後出現すると思われる結果である。

7. 放射線に関する公衆の認識

　公衆の放射線に対する安全認識のためには、このしきい

値の存在を理解し、多くの大衆がそのしきい値がどのレベルのものかについて信頼できる情報を得ることが必要である。放射線を、あたかも、我々がこれまで体験したことのない全く新たな危険であるかのように論じられることがあるが、これは全く不適切な態度である。放射線は19世紀に発見され、現在に至るまで広範囲の知識と経験が得られている。マリー・キューリーの先駆的な研究に基づいて実現された、診断にも治療にも放射線が日常的に使用される医療現場では特にそうである。

　公衆は現実的にこれらの医療、診断による利益を得ているのだが、放射線医学の過程で人体に与えられる月間の放射線線量は多いのだが、人体の健康な部分はその影響から回復できていることを教えられるべきである。

8. 放射線、日光による癌

　紫外線も放射線エネルギーの一形態であり、スペクトルの中でX線の隣に位置する。核放射線やX線同様、紫外線も分子を切断し電離することができるが、その効率は低い。日光は紫外線を条件により違うが、数パーセント含んでおり、紫外線は私たちに近しい存在である。日光が私たちの生命に引き起こす被害については誰でも知っているはずだ。日中、太陽光に長時間さらされれば、皮膚は細胞死、または日焼けをこうむる。日焼けが繰り返される環境では、皮膚癌の可能性が増加する。これは深刻な問題だが、国家的危機とはみなさ

第 5 章　放射線と社会

図2 「紫外線に注意」。大通りの薬局から配布される無料買物袋に印刷されている家族向けの簡単な安全の助言。

れず、IAEA,ICRP,WHO,UNSCEAR,OECD/NEA 等の国際機関の担当者が扱う問題にもなっていない。日光の紫外線による個人への被ばくを、どのように制限するかについての単純な助言が公衆には与えられている(図2 BE SUN SAFE(紫外線に注意))。それにもかかわらず、皮膚癌による年間死亡率は、米国においては100万人当たり30人である。

日光に含まれているUV(紫外線)のエネルギーフラックスは数ワットm^{-2}である。これは定義により(ベータ線とガンマ線に対して)1mSv=1mJ/kgであるため、1000ミリシーベルト／秒の吸収核放射線のエネルギーフラックス(または同等量)と類似している。ICRPが公衆に対し勧告している吸収

核放射線エネルギーの最大率は1ミリシーベルト毎年であり、これは、日光のUVフラックスの300億分の1である。この値ならば、放射線のエネルギーを知覚できなくても驚くには値しない。あまりにも少なすぎるからだ。しかしながら、紫外線がROSを作り出す可能性は非常に低く、そして変動するため、紫外線と核放射線との間の直接の比較は定性的なものにすぎない。定量的なしきい値に関する証拠は、別の場所で見つけなければならない。

9. 放射能からの放射線

　核放射線のそれぞれの量子は、一個の原子核が放射性崩壊をすることにより放出される。1ベクレル(Bq)とは、放射性物質が1秒間に崩壊する原子の1個を表す単位であり、そのため実際きわめて少ない量である。人間の体内に存在する自然放射能は約7000ベクレル、または体重1キログラム当たり100ベクレルである。また、家庭用火災報知器に内蔵されている自然放射能は37000ベクレルである。では、どれだけの量の放射線があれば危険とみなすべきだろうか？

　20世紀はじめの段階では、発光性の時計の文字盤を作るために、ラジウムの夜光塗料が使用されていた。塗料を扱う女性労働者は、細かい作業を行うおりに、仕事中ブラシの先端をなめる癖が多く見られた。その結果、ラジウムが骨に入り、図3に示されているように骨癌の大幅な増加を引き起こした。この行為は1926年に禁止され、それ以後、骨癌の発

第5章 放射線と社会

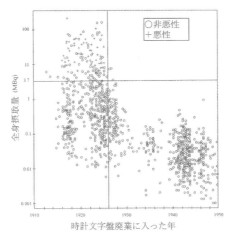

図3 ラジウムダイヤルペンターの骨がん

生も停止した。

この図3における水平線によって示される全身の放射能が3.7MBq未満では骨癌が発生しておらず、明確なしきい値がここで示されている。生涯の放射線エネルギー線量に換算すれば、これは10Gyであり、これはきわめて保守的であるが、アルファ線に通常伴う20の過剰負荷係数を単純に無視している。

10. バックグラウンド放射線

宇宙は常に放射線を浴びてきた。前記した体内からの放射線に加え、宇宙からの放射線も存在する。フレックスは10000メートルの高度で10倍以上に増加する。福島の初期パ

ニックの際、多くの人が日本から逃げ出すために飛行機に乗ったが、その場にいて受けたと思われるよりはるかに多い線量を機内で受けることになったはずだ。

　第3の自然放射線は、自然の水、土壌、および岩石に由来する。これは大幅に変動し、例えばブラジル、イラン、およびインドのいくつかの場所では通常の値よりも数十倍高い。これは、岩石から放出されるガンマ線と、亀裂や裂け目からしみだしてくる放射性ラドンガスから構成される。広範な研究調査にもかかわらず、バックグラウンド線量率が、毎年2.4msvの世界平均と比べて、毎年100msvに達する地域でも、多くの世代にわたって、そこで生活している人々に癌の発生率が上昇しているという証拠は得られていない。残念なことに、この事実も実体のない放射線への恐怖を減少させることに役立ってはいない。

　さらに、多くの国々では、放射性地下水による温泉の治療的効果を享受する文化が根付いているというのに、そのような国ですら放射線への恐怖症の虜となっている。放射線は、医療または自然環境のいずれにおいても、良い効果でも悪い効果でも全く同様にあり、例えば、ドイツ人が地中海の海岸で日光を浴びているときも、日本人が国内にあるラドン温泉でリラックスしているときも、全く同じ科学的な効果が起きている。現状の生活の中で、放射線が各自の生命の質にどのような貢献を行っているかを、もっと多くの人々が知ることは、彼等自身の利益につながるだろう。

11. 事故から得られる情報

しかし、そのような放射線量は概して小さい。これまで放射線により平均寿命が大幅に減少していれば、それは明らかに高線量が理由となり、私たちが証拠を探す必要も生じる。もし関連する線量が自然変動よりもはるかに低い場合、発電所の近くでは癌の発生率が上がるかどうかという研究に、効果を期待することはできない。

より確実な証拠は、大事故や臨床での高い照射線量から得られる。広島と長崎における放射は、閃光を伴うガンマ線（および中性子）から成り、これは生物学的防護のための猶予時間は最小だった。それでも、生存者8万人を対象に50年間行われた医学的追跡調査では、100〜200ミリシーベルト以下の線量の急性被爆で癌が増加した証拠は得られず、遺伝への影響についてはまったく証拠がなかった。これについては、一般の人たちが常に最も懸念する問題であることは当然なのであるが。

全被害者の約99％は、爆発や火災によるもので、放射線単独によるものではない。生存者の平均線量は160ミリシーベルトで、その後50年間に癌で亡くなった人のうち、15分の14は放射線ではなく、自然に引き起こされた癌だった。

12. ゴイアニアにおける体内放射線汚染（1987年）

放射線は、体内に取り込まれると、長期間に亘る放射線量

の放出は避けられず、特別な社会的懸念を引き起こす。放射線量は、放射線崩壊、または、排せつ時間の何れか短い期間に亘る。セシウム（Cs）の場合では100日間拡散される。福島の事故後、32,811人の一般住民を検査した結果、記録された最大の放射線量は、12,000 Bqであった。

Cs汚染の影響に関する情報としては、ゴイアニアの1987年の事故によるものがあり、それによれば、1億Bqを越えるCs-137を摂取した4名が、ARSによる犠牲者となった。その後の25年間では、汚染された249名の中で、放射線に関係したと考えられる癌により死亡した者はいない。

福島の事故で最も高い線量を浴びた一般住民でも、その後25年間で癌を発症するには、1,000倍以上も小さい線量が必要である。チェルノブイリの場合でも、Csに関連して、癌が過剰に発生した証拠は全くない。福島で放出されたヨード131でも、甲状腺癌が過剰に発生することはないと思われる。

ゴイアニアでは、高い汚染に晒された2名の女性が、正常妊娠であり、チェルノブイリでは、放射線により異常妊娠となったという証拠は、全く見られなかった。しかしながら、遠く離れたギリシャでも、恐怖心から数千件の妊娠中絶が行われた。

13. チェルノブイリの初期消防隊員

事故直後数日に亘って、チェルノブイリの原子炉にいた236名の作業員は、図4に示すように、例外的な急性被爆線量を受けた。4,000 mSvを越える線量を受けた者の内、50%

第 5 章　放射線と社会

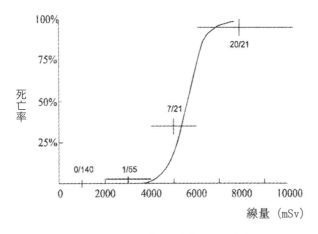

図4　チェルノブイリ作業者の死亡率

が短期間の内にARSにより死亡したが、残りの作業員は、その後25年間で癌を発症した有意な証拠は全くなく、放射線被ばくを受けていない場合と同様である。

14. 医療での高線量の経験

　医療診断画像撮影に使用される放射線量は、この消防隊員が浴びた線量よりも400倍少ない、10 mSvであり、従って、たとえ繰り返し受けても極めて無害と言える。

　ガンマ線による癌の放射線治療では、遥かに高い線量が使用される。英国王立放射線科専門医会のホームページでは、悪性腫瘍は、毎日2,000 mGyを5〜6週間投与して治療することが、確認できる。10〜20 cm以内の組織で、通常1日当

り1000 mGy、または、毎月20,000 mGy以上の放射線量を受け、脱毛や若干の熱傷を受けながらも、生存することができる。この値はチェルノブイリの作業員にとって通常致命的な線量とされているものの5〜10倍以上である。

この線量下でも生存できるのは、1か月に亘って拡散することで、組織には、回復する機会が与えられるためである。このような回復プロセスがなければ、放射線治療は致命的となる。

放射線治療を受けて生存した5,000名の小児癌を対象に研究した、イギリスとフランスのグループによる最近の論文では、新たなことが確認されている。彼らは、平均で29年間、それらの生存患者のその後の健康状態を追跡調査した。この期間中に369名が新たに二次癌を発症し、研究では、「後から二次癌を発症した部位に対する、最初の治療からの総放射線量は、どれくらいか？」という問題提起をした。結果は、図5に示してある。一番左が、放射線治療を全く受けていない組織における発生率である。総放射線量が数Gy未満の場合、癌に対する特別なリスクは全くないが、線量がそれより多くなると、急激にリスクが増すことは明白である。

このデータは、0.2 Gy近辺では放射線が有益であることも示しており、医学的には重要な結果であるが、放射線被曝の安全性が著しく変化するという点では、重要とは言えない。

第 5 章 放射線と社会

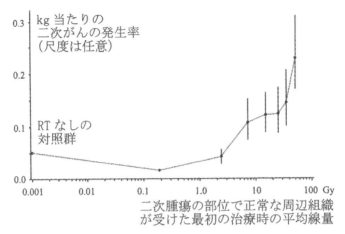

図5 二次がんの部位における早期放射線治療線量に対する二次がん発生率の依存性

15. 動物実験

動物実験では、動物も同様に放射線の影響を受けることが示されている。マウスの実験では、妊娠、および、遺伝的形質における影響に関する心強い情報がえられた。犬は、長生きするため、放射線の寿命に対する影響を、より効果的に示している。

図6は、3 mSvのガンマ線を生涯毎日投与されたビーグル犬と、放射線照射を受けなかったビーグル犬とを比較した、寿命に関するデータを示している。2,000日間(合計6,000 mSv)までは、両群とも死亡するケースはなかった。平均余命が著しく影響を受けたのは、10,000 mSvを越えた場合のみであっ

第1部　放射線科学の最前線

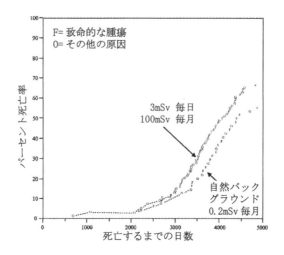

図6　二次がんの部位における早期放射線治療線量に対する二次がん発生率の依存性

たが、癌(F)、および、その他の原因(O)の重要性は、両群で同様の結果であった。

16. 月間線量のしきい値

　放射線安全性しきい値の設定には、正確性ではなく、確信性(安心感)が求められる。それは、複数の安全因子では達成できない。例えば、子供に対する特別な安全性は、親にとっての問題で、厳格に正当化できないかぎり科学的な問題ではない。歴史上、この問題に対処したのは誰か？　フローレンス・ナイチンゲールは、このデータを手に入れ、簡単な図形を描き、それらを巧みに使用して変革を提唱した。図7では、

彼女の例を取り上げている。

　黒い丸の領域は、腫瘍に対する月間線量(40Gy)を、グレーの丸の領域は、健康な組織に対する耐性線量(20Gy)を示し、図6のように、更に癌を発症する長期リスクが数パーセント含まれている。細かい、おそらく拡大しなければ見えない点の領域は、ICRPの推奨値である月間0.08 mSvを示している。白い丸の領域は、科学的に正当性を証明できる、最も厳格な安全性基準である、月間100 mGvを示している。

17. 直線、しきい値なし、および、ALARA

　第二次世界大戦の痛々しい影響の残る中、核放射線に対する考え方に関しては、3つの別個の影響力があった。第1は、放射線の長期間に亘る影響に関する、より深い理解とデータの必要性、第2は、冷戦が誘発した放射線への恐怖、そして、第3は、核兵器開発競争に関する科学者の動揺であった。

　これらの問題は、数多くの傑出した科学者が、放射線の、生命、特に遺伝に対する科学的に証明できる影響を誇張することにより、核兵器開発競争を止めさせることに成功して、初めて解決されるものだった。その結果生じた、おそらくは、この非科学的な直線しきい値なし(LNT)モデルにささえられた放射線恐怖症は、世界中の政治運動の中で取り上げられた。

　その結果、LNTを国際的安全性指針の基準として採用し、達成可能な限りなく低い(As Low As Reasonably Achievable =ALARA)「安全性」レベルを設定して、この恐怖の緩和を目

第1部　放射線科学の最前線

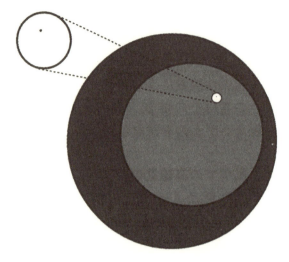

図7　円の面積で示した月間線量率

論んだ。それは、自然バックグラウンドよりも低く、キュリー夫人が死亡した(1934年)時に施行された、年間700 mGyレベルよりも遥かに低いものであった。

2倍以内の、長期安全性レベルで、図7に示した100 mGy／月は、相対的に安全な限り高い数値(As High As Relatively Safe =AHARS)である。生涯の限界値5,000 mSvは、あらゆる重要な科学的情報と一致する。このような限界値なら、福島の場合、食品の汚染を心配することもなく、全ての避難民は、ずっと前に帰宅できたと思われる。発電所は、操業を再開するべきであり、費用の嵩む不必要な安全性の変更は、排除できると考えられる。

18. 利害関係者

　戦後70年の現在〔この論文は2015年に発表されている：編集部注〕、規模もコストも法外な労働安全性産業を初めとする、既得権を有する多くの利害関係者が存在する。圧倒的多数の国民は、興奮と楽しみをもたらすように創作された架空の話から、自らが取り上げた事以外については殆ど知らない。中には、不当な扱いを受けたと思い、法律に基づいて補償を求める者もいる。また、自宅を立ち退かされ、または、配慮に欠けた規制により「被ばく」のレッテルを貼られ、苦しみを抱きながら、憔悴して生活している者もいる。

　専ら恐怖心に捉われた者は、不信感を増長させ、権限を持つあらゆる者の無能力、秘密主義、または、不正行為に目を向けるように促すことが、自らの義務と考えている。多くの仕事、職業、および調査契約は、原子力安全性の現状に依存している。人類の将来の本当の脅威は、環境、社会経済的安定性、水、および相互信頼から生ずるものである。放射線、および原子力エネルギーの使用は、このリストに属していない。実際、これらは人類の問題解決に欠かせない。

19. 国民の信頼を勝ち取る方法

　この問題は、決して国家的なものではないが、各自治体が、この問題を地方の政治的条件として向き合う姿勢は、役に立たない程度のものである。解決法は単純であるが、その達成

には時間を要する。真の密接な信頼関係を取り戻すための指示ではなく、説明し、これを可能にするような種類の教育を通して、社会が放射線を理解する必要がある。

　自信を持てれば、国民は原子力エネルギーを、化石燃料の過剰使用に対する解決策として受け止めることができるであろう。浄化手段、および、核廃棄物に関する極端な懸念は、和らぐと思われる。これまで、核廃棄物により命を落とした者はおらず、今日のチェルノブイリにおける、生き生きとした野生生物が、放射能と共生することの実現可能性を証明している。

　再処理、高速炉建設、第4世代の開発、および、最終核分裂廃棄物の適度な地下埋め立てという戦略は、環境、および、経済のために最適化する必要がある。ダーウィンの競争原理の世界では、このような機会をつかもうとせず、必要とされる広範な教育に投資することもない社会が、それらに対応した社会に後れを取ることは予測できる。

20. 廃棄物の問題

　核廃棄物に関する国民の懸念は、かなり的が外れている。化石燃料廃棄物、および、バイオ廃棄物を比較すると、図8および、図9が示すように、核廃棄物の危険性は、無視できる程度のものである。核廃棄物で死亡した者はいない。必要な原子力は、化石燃料の100万分の1で、再処理後に出る廃棄物は、その100万分の1であり、バイオ廃棄物が再処理に

第 5 章 放射線と社会

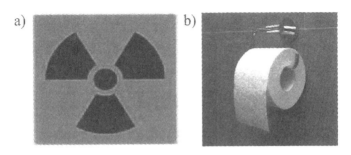

図8 廃棄物に関連する2つのシンボル。1つは毎年数百万の死を連想させ、他はそうではない。1つは放出されない廃棄物に関する世界中の大騒ぎを刺激し、他はあまり意見もなく環境に普通放出される廃棄物を示している。

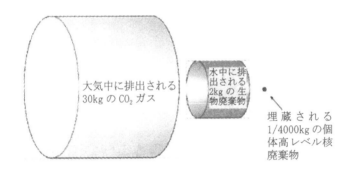

図9 一人・一日当たり放出される廃棄物の質量を示すキャニスター（英国の場合）

は財政的に敏感で、燃焼とバイオ廃棄物は増大し、そして拡散する。原子力の場合は、そのようなことがなく（稼働中の原子炉内を除き）、廃棄物の量は極めて少ない。

核廃棄物は、基本的に固形で封じ込められているのに対し、

89

バイオ廃棄物は、基本的に液体で周辺環境に放出され、燃焼廃棄物は、更に条件が悪い。核廃棄物は、再処理する必要があり、核分裂廃棄物は、数百年間埋め立てておく必要があるが、それは、大した問題ではない。核廃棄物、および、その廃棄は、原子力産業の主要な事業活動であってはならない。

結論

国際安全性規制は、LNTにかえて科学に基づいて約1,000分の1に緩和させる必要がある。説明的教育プログラムは、国民が、個人の健康が100年を掛けて受けてきたように、健全な環境も、原子力技術から恩恵を受けることができることを確認できるように、導入する必要がある。原子力エネルギーは、積極的に追究する必要があるが、それに伴うリスクは、人類を脅かす他の危険と比較すると、殆どないと言える。

第2部

福島の低線量率放射線の科学認識と20km圏内の復興

第一回放射線の正しい知識を普及する研究会・SAMRAI2014 が、2015 年 3 月 24 日、日本国衆議院第一議員会館にて「福島の低線量率放射線の科学認識と 20km 圏内の復興」を主題に開催されました。この研究会は、第 1 部で紹介したウェード・アリソン、モハン・ドス両氏を招請し、高田純、中村仁信、服部禎男各氏とともに講演と総合討論が行われ、最期に研究会発表として結論と提言を発表し、日本政府に向け提出いたしました。

　第 2 部では、ここでの日本人科学者 3 名の講演録ならびに、海外の報道記事などを収録します。この大会の開催にあたっては、当時の放射線議連(平沼赳夫代表)の方々、特に山田宏議員(当時、放射線議連事務局長)、笠浩史議員の多大なご協力をいただきました。ここに深く感謝の意を表明します。

(編集部)

第6章 福島の放射線線量調査の決定版 低線量の真実、 20km圏内も帰還できる

高田　純

　本稿では、福島県民の20km圏内の線量調査について言及したいと思います。

　なぜ20km圏内かというと、なぜか震災の当初よりこの20km圏内に専門科学者が立ち入れない状況を事故対策本部がつくり出して、中の線量が良く分からない状況がずっと続いているからです。そこで、ここで何が起きているかを多くの国民に知ってもらうために、この圏内の調査が継続的に行われています。

　結論は20km圏内は帰還可能と考えております。放射線は低線量で健康被害は絶対に起きないということを、事実を以って、データを以って、皆さんにお示ししたいと思います。

　私はこれまで、世界中の核災害地を調査してきました。最初が、今から30数年前、私が博士課程の学生の頃です。広島の黒い雨が降った地域の放射能、特に濃縮ウランの調査、広島大学での研究が私の最初の科学論文になっています。

　広島大学原爆放射線医科学研究所には、医学物理の教授の

第2部　福島の低線量率放射線の科学認識と20km圏内の復興

部門もあったんです。そこに助教授として1995年に戻りました。ちょうどソ連が崩壊した後の時期で、チェルノブイリ或いは旧ソ連のセミパラチンスク核実験場周辺のカザフ人の線量調査を実施しました。

　一方で、ソ連のプルトニウムの工場からの廃液でテチャ川が汚染されました。ここでストロンチウムの体内被曝量をその場で測定する方法を開発しました。体内セシウムはチェルノブイリの調査で測定しました。又、第五福竜丸事件で知られるビキニ水爆実験では、現地の島民の体内ストロンチウム調査などを行いました。

　今回、初めてですが、甲状腺中のヨウ素値測定という形で、線量を測定しています。

　この方法をもって世界中を回ったのですが、今回、福島の特に甲状腺の線量が、核災害時で最も重要な調査の一つになります。4年間の調査一覧ですが、甲状腺中のヨウ素測定、外部被曝個人線量です。

　2年目以降は、浪江町の牧場で牛を守っている山本さんたちと共同で、この20km圏内、特に牧場にいる牛、又そこに週に4度5度と世話に行かれている人たちの放射線衛生検査を続けています。

　まず、震災元年、緊急時の福島県民の低線量を報告させていただきます。震災の年、2011年4月、8、9、10日に、私が福島県調査をしました。9日、10日の2日間、福島第一原子力発電所に接近して、その敷地境界周辺も調査を行いました。2日間、この福島第一原発に接近した際私が調査した線量は、僅か

第6章　福島の放射線量調査の決定版
　　　　低線量の真実、20km圏内も帰還できる

0.10mSv。極めて低線量率でした。

　メディアの報道或いは民主党政権が発表している数字を聞いていると、もっと何百mSvになりそうな勢いだったのですが、2日間行って僅か0.1mSvということで、健康を害することは全くないという事態でした。どちらかというと健康にプラスだったのかもしれないというようなレベルだったのです。

　現地に取り残された牛も極めて元気。広島の黒い雨が降った地域は牛が下痢したり脱毛したのですが、そういう牛は1頭もいません。ということで、放置されていた牛たちは元気でした。これはやはり低線量を証明しているということです。

　敷地からは顕著なプルトニウムもストロンチウムも放出されていませんでした。顕著に出たのは放射性ヨウ素とセシウムなどです。現地の浪江町から避難していった人たちの甲状腺のヨウ素測定をしましたが、その線量はチェルノブイリの1000分の1です。私が検査した浪江の人40人の避難者の最大値が8mSvということです。

　私は4月に調査に行きましたが、浪江の人たち或いは双葉町の人たちが避難した3月の線量を推定できます。全核分裂生成物が放射能減衰していきますが、その減衰を逆算することによって、4月の値から、3月の線量を推定します。そうすると、3月の避難中に受けた外部被曝線量がおよそ5mSvと推定ができます。

　これを見ても、やはり低線量で健康被害を受けないということになります。

　一方で、オンサイト、福島第一原発で働いている東電職

第2部　福島の低線量率放射線の科学認識と20km 圏内の復興

員、或いはそこに駆けつけた自衛隊員の線量、これはそれぞれが発表しています。外部被曝で見ますと、東電職員の最大0.2Sv、自衛隊の職員は最大で0.08Svです。これは急性放射線障害を受けないし、発癌などの後障害リスクとしても低めの値です。放射線防護に一定成功していると思います。

　自衛隊員は屋外にずっと居続けて、0.08Sv(80mSv)。直近の周辺住民が5mSvという推定ですから、一応一致性があると思います。

　さて全体の線量です。2011年、福島県民及びオンサイトの職員たちが受けた線量をまとめます。外部被曝の線量、甲状腺線量、全身のセシウムによる内部被爆。何れも低線量でした。ただし、東電職員の2人の甲状腺のヨウ素線量が高く、最大12Svという線量を受けていました。防護マスクの適切な着用ができていなかった、という報告になっています。眼鏡をかけた人がマスクをしたために、眼鏡のつるの隙間から放射線ヨウ素を吸い込んだという考察になっています。

　問題は緊急時に、周辺住民へヨウ素剤が配布されていなかったということです。今回の事故対策本部の最大の失敗の一つが、ヨウ素剤を備蓄していたにも拘らず配布もできなかったという問題です。さらに、個人線量を測っていなかった。避難住民に屋内退避や緊急避難を命じたにも拘らず、個人線量計を配布することもなく、線量を測らなかったという、相当な問題点が事故対策本部にあったと言えます。

　なぜ福島は低線量だったのか。これは原子炉の構造からきているわけです。日本の原子炉は軽水炉です。チェルノブイ

第6章　福島の放射線線量調査の決定版
　　　　低線量の真実、20km圏内も帰還できる

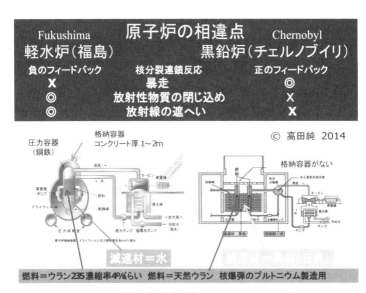

図1　原子炉の相違点（©Jun Takada 2014）

リは黒鉛炉というもので、ここにこの事故の根本的な差が出てきます。特に日本の軽水炉は、地震波を検知して自動停止するというメカニズムがあって、最大地震波の前に原子炉が次々に停止していくということです。女川原子力発電所が最も震源に近かったのですが、安全に停止し、その後も冷却に成功しています。

　福島第一原発も当然、原子炉は自動停止していたということで、原子炉が崩壊していなかった。ですから、圧力容器も格納容器も存在している。中のウラン燃料だけが冷却できずに溶けていったということです。ですから、放射性物質の殆どは原子炉の中に閉じ込められていました。これによって低

線量であるということです。だからチェルノブイリ黒鉛炉事故のようにはならなかったんです。

これを事故対策本部がきちんと説明していれば、ここまでの混乱にはならなかったと思います。あの当時の政権が民主党という科学に疎い人たちの集まりだったところに大きな悲劇があったのかなと、私は考えています。

福島第一、第二も、女川も、運転職員等の放射線による死亡者は０ということです。これは大事な点です。チェルノブイリ事故では、急性で30名が亡くなっています。核分裂連鎖反応が暴走したのです。原子炉のメルトダウンです。福島はメルトダウンしていません。燃料が溶けて、圧力容器の底を抜けたということで、専門家に聞くと、それをメルトスルーと言っています。

さて、福島の線量を広島と比較します。1978年の広島の疫学データがまとめられています。発癌の相対リスクを、臓器線量の関数としてみます。発癌リスク１が線量０の時です。線量が増えていくと、あるところまでは相対リスクは変わらず、ある線量を超すと発癌リスクが高まる。その境が、0.2Sv（200mSv）、ここが境になって、それ以上高線量を受けると発癌リスクが高まるということです。

一方福島は幾らかというと、一番高い甲状腺線量の最大値が福島県民で0.04Sv（40mSv）ということで、福島県民の相対リスクは放射線０と同じであるということになります。これは甲状腺を見ていますが、その他の臓器も当然セシウム等の線量はもっと低いわけです。セシウムの内部被曝は、概して

第6章　福島の放射線線量調査の決定版
　　　　　低線量の真実、20km圏内も帰還できる

福島県民は1mSv以下ということですから、発癌リスクはないということになります。

　福島県は国も含めて福島県民の健康調査を継続しております。放射線防護上は検査を継続する理由はないのですが、やはり県民や国民の理解という意味では、その心配に答えるという形で健康管理調査が行われています。

　福島県民と県外での疫学調査、甲状腺のエコー検査をして、甲状腺疾患の発生率に差がなければ、福島は放射線の影響がないということになります。現状、福島県と県外、青森県、山梨県、長崎県、と比較して差異が見つかっていません。これは放射線防護上の予測と一致しています。

　さて、福島は低線量でした。広島は高線量というのは皆さんご存じだと思います。広島、長崎はおよそ20万人が死んでおります。放射線で死んだのではないのです。爆発の爆風と熱線、熱で焼き殺されました。放射線で死んだ人はごく少数です。

　これが広島大学原爆放射能医学研究所の継続的な調査で明らかになってきたことですが、爆心地500m圏内で生存者78人見つかって、その健康調査を継続的に行っています。平均は2.8Sv（2800mSv）の高線量です。この人たちは長生きしています。ある時、調べると、死亡時平均年齢が74歳でした。80代が13人、90代まで生きた人が3人います。勿論、この人たちは高線量を受けていますので、急性放射線障害を起こしています。ただその後、健康を取り戻して、健康に注意して暮らすことによって長寿を全うしています。

広島の被災した路面電車の中で生存した人が1人います。人影になっていて、爆風と熱線を遮ったということで、この方は、戦後、東京大学に進学されて結婚されています。後に関西の経済界で活躍された方ですが、この方は証言によると下痢は発生しなかった。下痢が発生するということは腸が強烈な障害を受けますので、非常に生命が危なくなりますが、そういう腸障害を起こさなかった。もう一つ、その後結婚されても子供さんが生まれなかったということで、永久不妊になってしまったと思います。

この二つの事実から、この人が受けた線量を推定しますと3.5Sv以上、4.0Sv以下という線量です。この方は生存して、長生きしました。死亡時年齢が76歳です。当時の日本人の平均寿命から考えると長いのです。ですから、これぐらいシビアな高線量を受けても意外に長生きします。結局、その後の人生をくよくよ考えず、前向きに健康に注意して生きることによって、健康を保つ。

一方、福島の人は余りにも心配してまた、周りが恐怖をあおるため、非常に不健康な生活をしている人が多いと聞きます。広島の調査の結論は、「人体は放射線に意外に強かった」です。これは重要なキーワードです。福島は低線量ですから、1日も寿命は短くならないのです。この事実から分かることです。

福島の人の寿命が短くなるとしたら、強制避難させられている住宅でのストレスのかかった生活。聞くところによると、酒量が増えたり、タバコの本数が増えたりしています。何れ

第6章　福島の放射線線量調査の決定版
　　　　低線量の真実、20km 圏内も帰還できる

にせよ、不健康な生活のストレスが福島県民を蝕むのではないかと心配しています。

　広島、福島の線量はこのようにまとめられます。一方、放射線防護の国際委員会ICRPはどういう勧告をしているかというと、放射線を仕事に使う従事者、年間限度は50mSv。この50mSvというのは、これでも安全側に考えた数字になっています。5年間の積算で100mSv。この範囲で受けても健康被害はないという理解の下に勧告をして、日本の法律もそうなっています。これも安全側に厳しく管理している範囲です。

　但し、問題点は公衆の線量限度、年間1mSvにあります。厳しくしています。これが世界に勧告されているために、日本でも法律になっています。今回、これが本当は科学的ではないことを、後で色々話をします。先ほどの広島のデータも、確かにそうです。だから、リスクが直線的になっていません。にも拘らず、こういう勧告が未だに続いています。特に、こういう放射線災害の起こった周辺住民に対して、これを適用するのは如何なものかと思います。

　日本は福島事象以前に、昭和時代にもっと線量を受けていました。隣の中国がメガトン級の核爆発を繰り返していました。広島核の1375発分を中央アジア、いわゆるシルクロードで爆発させていました。現地では相当な人が死んでおります。その核の黄砂によって、日本列島北から南まで、放射性物質が降り続きました。特に骨格に溜まるストロンチウムの被曝が顕著です。

　日本人が受けた線量は調べられています。放射線医学総合

研究所の長年の調査です。死体解剖をして、日本人の骨格に溜まったストロンチウムを分析しました。これがメイド・イン・チャイナのストロンチウムであることは、核爆発後の環境中の放射性物質のモニターから分かったのです。中国が核実験した直後に核の砂が降ってきて、それが食物連鎖で日本の胎児、乳児の骨格の中にストロンチウムが溜っていったのでした。

この時の線量が、私の推定で最大7mSvです。これは低線量ですが、この低線量をずっと受け続けてきたのが日本人です。これでも日本人は健康を維持しており、世界一の長寿国になっているということは、7mSvぐらいの内部被曝は健康に影響しないという、一つの証拠と思います。

今回の日本の当時の政府がとった事故対策、緊急避難は無謀であったということを指摘させていただきます。危険な無謀な強制避難によって、70人の医療弱者が死亡しています。それから、放置された多数の家畜も死にました。餓死或いは殺処分ということが行われました。

ですから、低線量下では屋内退避が最も薦められることで、屋内退避とヨウ素剤配布或いはマスクをするということが第一歩必要な防護対策です。何も準備せず、無謀に避難させるというのが最も危ない、ということになります。

当時の政府がとった非科学的なことを全部まとめるとこうなります。まず、屋内退避も含めて、緊急避難をさせる人たちに個人線量計を配布しなかった。暫く県民に個人線量計も配布せず、個人線量測定が特に行わなかったという問題点が

1点です。これが今でも、特に20km圏内の線量調査の改善に繋がっていないという問題があります。

勿論、個人線量の重要な測定の一つに甲状腺中のヨウ素測定ですが、政府が測定した件数がおよそ1000人でした。福島県民200万人の内、僅か1000人ぐらいしか甲状腺検査をしなかったという問題点があります。日本の我々はもっと測定できる科学力を持っているにも拘らず、その科学力を活用できなかった事故対策本部に問題ありと言わざるを得ません。

放射性セシウムの環境中の半減期は、物理的半減期に比べて極めて短いんです。セシウムの半減期は30年と言いますが、環境中では数年しかありません。これは、これまでの核災害の調査から分かっていたことです。

ですから、20km圏内、一時避難という形になっても、何時までも避難を固定する理由は何処にもないんです。ですから、きめ細かく避難元の線量調査をするべきです。これをまた怠っているのが、今の事故対策本部です。

それと政府のとった誤った判断の背景に、20km圏内をブラックボックス化して、専門科学者を排除していったということがあります。

やはり現地調査というのが極めて重要な科学の第一歩です。広島、長崎の1945年8月以降の専門科学者による現地調査の歴史があります。当時、1600ページの科学報告書が世界最初の核爆発災害調査報告書として出ています。私たちの先輩が作ったわけです。

今回は残念ながらそういうことはなされていないという、

最大の問題点があります。今こそ、非科学から科学に、日本の政治も福島の復興の対策も、科学に舵を切り替えないといけないと思います。

　二つ目は、高線量のチェルノブイリ黒鉛炉の事故と、低線量の福島軽水炉事故を比較です。

　先ず原子炉の相違点。福島だけではなく女川も東海も全て軽水炉です。一方、大事故になったチェルノブイリは黒鉛炉です。この二つの構造の違いが出ています。結構濃度の高いウランの周りに、石炭の一種の黒鉛が配置されているのが黒鉛炉です。軽水炉は濃縮度が4％ぐらいの低濃度ウラン燃料の周りに石炭はなく、水だけがあります。

　核分裂反応が増加すると、黒鉛炉は反応が加速する方向に動きます。一方、水が配置されている軽水炉は、反応が抑えられる方向に原理的に動く。ということで、暴走し易いのが黒鉛炉、暴走し難いのが軽水炉です。実際、そういうことになりました。

　それからもう一つ、軽水炉には、ウラン燃料を閉じ込める鋼鉄製の分厚い圧力容器とその周りに厚み1mぐらいあるコンクリートの格納容器があります。一方、ソ連製の黒鉛炉にはそういった防護構造がありません。

　ですから、一度ウラン燃料が高温化すると一気に黒鉛が燃え出して、原子炉が完全崩壊に向かうのが黒鉛炉です。実際そうなって、チェルノブイリではメルトダウンした。原子炉が崩壊しなかったのは、軽水炉の福島第一、第二、女川です。こうしたことで原子炉の事故そのものに原理的な違いがあり

ました。

　高線量の黒鉛炉に対する低線量の軽水路という視点から、原子炉事故をまとめます。

　1979年のアメリカのスリーマイル島の事例も軽水炉で、死者0、急性障害0、線量レベルも数mSv。今回の福島に似ています。チェルノブイリ黒鉛炉事象は死者45人、これは急性で亡くなった人30人、甲状腺癌で亡くなった子供たち15人、合わせて45人。急性障害129人です。

　日本では、地震の事例は他にもあります。2007年の柏崎刈羽原発も中越沖地震の際に自動停止しています。これら全て低線量あるいは0線量。死者0、急性放射線障害0人です。これら歴史をまとめますと、軽水炉事象は低線量事故であるということが一般化できると思います。

　ということで、軽水炉事故の場合の防護の基本は、屋内退避とヨウ素剤配布と服用ということでいいと思います。ですから今、国や原発立地県が考えている強制避難、緊急避難の対策こそ危ないのです。今一度見直すべき必要があります。そうしないと、福島と同じことが起こります。放射線ではなく人災です。

　今、20km圏内は大幅に線量低下して帰還可能です。調査を続けております。牛たちも元気にいます。これは牧草地のセシウム濃度が3年間、環境半減期640日、で急速に減衰しています。牛の体内放射能も、4年間で比較すると、当初1kg当たり5000ベクレルあったものが現在100ベクレルぐらいに低下しています。

第2部　福島の低線量率放射線の科学認識と20km圏内の復興

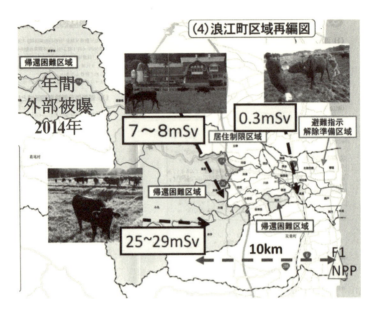

図2　浪江町居住制限区画割りと2014年の各地の年間放射線量推定値。セシウムは実効半減期2.7年で減衰。(© Jun Takada 2014)

　20km圏内、浪江の年間線量は、震災の年からどんどん減っています。現在、政府が年間50mSv以上と断定していますが、実測ではもっと低いです。10mSvを切る場所或いは1mSvを切っている場所が多く存在しています。

　今の事故対策本部は、帰還できる場所或いは帰還準備区域というふうに分類されるべきところで帰還をさせないというのは、科学的に誤りであり、それを強制するということは、人権蹂躙だと思います。

　2015年3月に、20km圏内縦断の調査を行いました。福島第一原発の脇を通る国道を車で走った時の線量が、僅か0.37

μSv。その上空をジェット機で札幌から羽田に飛んだ時の線量はその倍ありました。上空の方が線量が高い。福島第一の脇を車で走る方が線量が低い。この低線量で鼻血を出すというマンガがあったのですが、福島第一の周辺を車で走っても鼻血は出ません。もし鼻血が出るのだったら、客室乗務員の方は鼻血を出しているのではないかと思いますが、そういう人はいません。

海水の放射能も十分低濃度です。2013年の11月のデータを見ても、IAEA(国際原子力期間)の基準に比べて圧倒的に低いのです。1リットル当たりの海水、最大値でトリチウムが18です。セシウム134が3ベクレル、セシウム137が7ベクレルと、低い。これは最大値であって、湾の中です。湾の外に出て、500m、1kmにいってしまうと、1リットル当たり0ベクレルという状況です。

放射性物質が含まれている水をタンクの中に溜めこんでいますが、科学的には全くナンセンスな話で、トイレの水を捨てないでずっと家の中に溜め込んでいるようなものです。そんなものを溜め込むほうが危ないのです。やはり、もう十分希釈されているわけですから、どんどん科学的な法のルールに則って海に流していくというのが良いかと思います。

最後に、福島の低線量の私の報告をまとめさせていただきます。

放射線とは、物質が放射するエネルギーです。この放射線の発見と応用はノーベル賞の歴史です。人類に多大な貢献をしています。X線を発見したレントゲン博士、彼が最初の

第2部　福島の低線量率放射線の科学認識と20km圏内の復興

図3　核放射線災害と公衆の線量（©Jun Takada 2011、2013）

ノーベル物理学賞でした。3年後にマリー・ピエール・キュリー夫妻、ベクレルらが、放射能の発見でノーベル賞。これらが核放射線の医学利用に多大に貢献し、今ではCTスキャナなどがあるわけです。

　最近ではPET診断という陽電子を使った癌組織の診断技術。DNAの構造解析もこのX線がなければできないわけです。このDNAの解析がなかったら、今のiPS細胞の発見もなかったわけです。

　去年、私たち日本人の物理学者3人がノーベル物理学賞に

輝きました。青色LEDです。これも光という形の放射線です。こうして、放射線の発見と応用が人類に多大な貢献をしています。放射線ゼロの世界を望むというのは、古代文明に戻れということになります。

　人は放射線なしに生きられない、三つの法則があります。1)太陽が放つ核エネルギーなしに生命は存在しない。2)低線量率放射線が健康維持の秘訣。私たちの体は紫外線を受けて体内ビタミンD合成をしています。この体内ビタミンD合成が不十分ですと大腸癌リスクが増加します。ですから、適切な量の紫外線、いわゆる放射線、を受けている人の方が健康であるということも、今の新しい研究で分かってきている。私たちは毎日、1日18〜180グレイの紫外線を受けています。これによって、光合成でビタミンDを合成しているんです。これを避けていると、大腸癌など他の病気になっていきます。やはり適切に放射線を受けていかないといけません。3)核放射線医学の進歩が人類の寿命を伸ばしています。X線が発見された年、日本人の寿命は37歳だったのですが、次々CT、MRI、PETなどの発明が出てきて、現在の日本人の平均寿命は83歳になっています。やはり放射線をうまく利用していくということが、人類文明を明るくするのです。

　私の報告の最後の最後のまとめです。福島県民は低線量でした。20km圏内も帰還できるのです。

　1、軽水炉事故は低線量で公衆に健康被害なし。2、低線量となる軽水炉事故の公衆防護の基本は、屋内退避と安定ヨウ素剤の服用。3、福島20km圏内の住民帰還可能性。2014年

の浪江町、放射線レベルでいくと、D、Eということで、低線量率で健康リスクはありません。どちらかと言うと、健康増進の範囲にあると言えます。

第7章　日本の放射線防護の問題点
──放射線はどこまで安全か──

中村仁信

1.　放射線には「しきい値」がある

　きょうの話は三つの点から論じます。まず放射線の人体影響には、ここまでは安全というしきい値があると、私は思っております。ではそれはどこまでなのか、放射線はどこまで安全なのかということを、まずお話したいと思います。

　慢性長期の放射線の影響を明らかにするのは、人では実験ができませんし、なかなか難しいのですが、動物では実験があります。これは青森の研究所ですが、4000匹のマウスを使いまして、400日間照射をさせる。なかなか根気のいる実験です。これによりますと、マウスでは1日0.05mSvはなんの問題もない。1日1mSv、メスの寿命がわずかに減っているぐらいです。1日20mSv、累積8000mSvですと、さすがにメス・オスとも寿命が短縮している(図1)。この実験は400日までですから、1日1ミリ、累積400mSvまではまあ問題なかろうという結果です。

第2部　福島の低線量率放射線の科学認識と20km圏内の復興

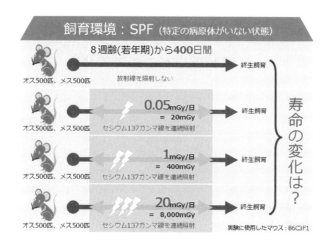

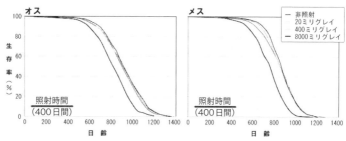

図1　低線量放射能照射マウスの寿命変化(環境科学技術研究所(青森)ホームページより)

またDNAへの影響がどうなっているかを調べた実験もあります。1分間に0.002mSv(2マイクロシーベルト)、1日2.88mSvという低線量率でマウスに5週間照射をしまして、DNAの変化をみていますが、累計105mSvになってもDNA損傷は認められない。二重鎖切断も起こらない(Enbiron Health Perspect 2012;120:1130)。これは自然放射線の400倍と

第7章　日本の放射線防護の問題点

いう線量ですが、このくらいの低線量率ではDNAの変化は起こらないのです。

　細胞実験ではともかく、マウスなどの小動物の実験の影響は、人にも適用していいのかそれともよくないのか、両方の意見があると思います。私は残念ながら、簡単に人には適用できないという立場です。

　といいますのは、先ほどの400日というような実験もありますが、これは非常に長いほうです。もっと長い実験はなかなかできません。あるいは小動物は早く死んでしまいますので、その後10年、20年の経過を見ることはできない。人は長生きしますから、その間に癌ができてくるかもしれない。あるいは小動物は放射線だけで癌になりますが、人は癌の要因にさまざまなストレスが加わりますので、複合的影響を考えないといけない。

　それから先ほどDNAの損傷は大丈夫と言いましたが、本当にそのDNA突然変異説だけで説明できるのか。必ずしもこれはできないと思います。つまり発癌の機序にはまだまだブラックボックスがあるわけです。

　どういうことかといいますと、例えばDNA損傷は、先ほど服部先生も言われていましたが、細胞あたり1日数万、数十万という数の損傷が起こるのです。では放射線で起きるのはどのぐらいの損傷かといいますと、1000mSvでやっと2000個ぐらいです。そうしたら、何十万個もDNA損傷が起こっているところへ1000mSvや2000mSvの分の損傷が起こったとしても、その程度のDNA損傷では簡単に癌になら

ないだろうということは容易に考えられます。

あるいはまた昨年ドス先生が来られたときには、DNA突然変異の数は年代毎にみて、そう変わらないけれども、癌は年とともに増えていくと言われていました。あるいは京都大学名誉教授の渡邉正巳先生は、放射線照射実験をしてみると突然変異の数よりも癌の数のほうがたくさん出来てくると言われています。つまり渡邉先生は、放射線発癌の場合は、DNA損傷→突然変異から癌ができるのではない、DNA損傷を起源としない経路が主経路であると言われています。これは証明されたわけではありませんが、そういう考えもあるということです。

いずれにしてもウィルス発癌、突然変異のない発癌もあって、癌細胞は毎日何千個もできていますが、われわれは簡単に癌にならない。これは免疫系がしっかり処理してくれるからです。つまり免疫が低下するとリスクが増えますから、重要なのは免疫力であるといえるわけです。DNA損傷云々よりも、免疫力のほうがよほど重要であることは、確かだろうと思います。

では放射線と免疫の関係はどうなっているかといいますと、これは東北大学名誉教授の坂本先生の非常に古い実験ですが、マウスに100mSv照射すると免疫力は1.5倍ぐらいに上がります。しかし1000mSvにもなれば、免疫力は半分ぐらいに低下します(図2)。さらに、150mSvぐらいを先に当てておくと、癌の転移がむしろ抑制されることも証明されまして、実際の患者さんへも応用されています。

第7章　日本の放射線防護の問題点

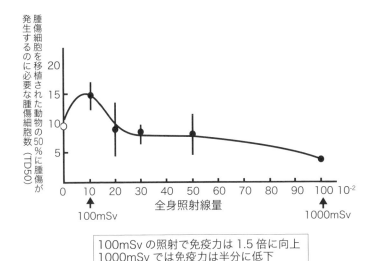

図2　マウスにおける全身照射線量と免疫力（坂本澄彦（東北大学名誉教授）らの基礎研究）

　坂本先生は1回150ミリグレイ、全身ですと150mSvですが、これを週2回、合計1500ミリグレイを全身あるいは半身に照射しておく。そしてリンパ腫の治療をすると成績が向上した（図3）。ある電力関係の方がこのデータを持ってこられて、これをもっと言ってほしい、1500mSvも当てても大丈夫だと言ってほしいと言われましたが、私は、いや、それは必ずしもそう簡単には言えませんと。というのは、これは10年までしか見ていません。人の癌は20年、30年、40年してから出てくるものもありますから、これだけで1500mSvが大丈夫ということは簡単には言えませんと答えました。
　これは先ほども出ていましたチュビアーナ先生の論文です

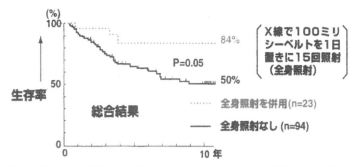

図6 悪性リンパ腫に対する全身または半身低線量照射併用照射線治療の成績(東北大学名誉教授 坂本澄彦(The Jawnal of TASTRO 1997年9月))

が、小児癌に対する放射線治療後の5000人の調査で30年ぐらい経過を見ておられます。そうすると2次発癌が369人出てきましたが、1000ミリグレイ以下での発癌はない。むしろ200ミリぐらいでは癌が減っていたりするようにも見えます。あるいはまた数グレイぐらいまでは大丈夫にも見えますが、はっきりしているのは、1グレイ以下では発癌はない(図4)。局所被ばくの場合ですね。これは放射線発癌にしきい値があるという証拠になる論文です。

2. 局所被ばくと全身被ばく

　局所の被ばくの場合、しきい値に関していろいろなデータがあります。放射線皮膚炎から放射線皮膚癌は、1グレイというしきい値があります。ダイヤルペインターの骨肉腫も1から10グレイ、だいたい数グレイぐらいでしょうが、しき

第7章 日本の放射線防護の問題点

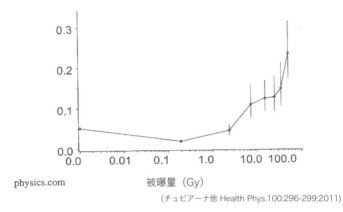

(チュビアーナ他 Health Phys.100:296-299;2011)

1985年以降、平均29年のフォローアップで369人の二次発がんを認めたが、1000ミリグレイ以下での発がんはない。

図4　小児癌放射線治療後生存者5000人の調査(フランス・イギリス8センターのコホート研究)

い値があります。トロトラスト肝癌でも、これはα線からの癌ですが、2から数グレイぐらいのところにしきい値があるとされています。つまり局所発癌、局所被ばくによる発癌にはしきい値があることは、結構はっきりしているわけです。

一方全身被ばくでは、多くのデータがあるわけではありませんが、原爆のデータから、白血病では200mSv以下では有意の増加はない。これははっきりしています。全身被ばくで最もなりやすい白血病でもしきい値がありますが、残念ながら固形癌ではしきい値がそれほどはっきりしていない。

というのは、固形癌は10年、20年、30年、40年してから出てくる。そうしますと、放射線だけの影響ではないわけです。いろいろな複合的な影響になるために、しきい値がはっ

きりしなくなってしまうということかと思います。

　ここで、局所被ばくと全身被ばくは、かなり違うことを認識していただきたいと思います。実験的にも局所被ばくと全身被ばくでの発癌の違いは証明されていますが、田ノ岡宏先生はこれを詳しく調べられています。だいたい局所と全身では、平均すると10倍ぐらい違う。局所のほうが10倍ぐらい高い線量でないと発癌しないということを言われています（Int. J. Radiat. Biol. 87:645, 2011）。

　ではこの差はなにかといいますと、私は免疫系へのダメージと考えます。放射線治療では局所にかなり強い線量が当たりまして、その当たったところでは免疫系もダメージを受けるのですが、ほかのところからの免疫系のサポートによりまして、なんとかこれを乗り切るわけです。

　ではどれぐらいで発癌するというようなデータがあるのか。全身被ばくではなかなかないのですが、結核の治療で月に数回、3〜5年、平均88回、胸部X線透視を受けた患者さんの調査（マサチューセッツ）があります。だいたい1回の透視の線量が平均9ミリグレイぐらいです。平均の総線量ですと790ミリグレイ。多い人は2000ミリ、3000ミリという線量を受けており、1000ミリグレイ以上では、線量に相関して乳癌が増えています（Rad Res 125:214-222,1991）。

　さらに、これは女性だけですが、男性も含めた調査があります。それでは、どの線量においても肺癌は増えていない。男性には乳癌はほとんどありませんから、肺癌で調べていますが、増えていません（Cancer Res 49:6130,1989）。

第7章　日本の放射線防護の問題点

被曝時の年齢

	0-14	15-19	20-24	25-29	30-39	40+	Total
女性の数	110	474	701	538	465	139	2,427
平均線量(mGy)	1330	980	820	700	640	470	790
乳がん件数							
観察数(O)	6	39	47	29	16	5	142
予想数(E)	3.39	18.6	30.7	26	23.3	5.69	107.6
O/E	1.77	2.10*	1.53*	1.12	0.69	0.88	1.32*

Boice JD Jr. et al. Rad Res 1991;125:214-22

15-19歳で2倍以上の発生率だが、30歳以上ではむしろ減少（28%）

図5　頻回の胸部X線透視と乳癌発生：年齢との関係

　つまり3000ミリ、4000ミリグレイでも肺癌は増えない。ただ食道癌が500ミリグレイ以上で少し増えている。これはお酒やタバコとの関係があまりはっきりしていませんので、それほどはっきり言えるものではありません。

　また、1000ミリグレイ以上で乳癌が増えるというのを年齢との関係を見ますと、非常に興味深い。つまり15～19歳が最も増えているのです。14歳以下も増えています。24歳以下も増えています。しかし30歳以上ではむしろ減っている。つまり若い女性、特に増殖期の乳癌を持つ女性に増えているということです（図5）。

　カナダでも、2万5000人以上のもっと多い集団ですが、同じような調査が違う人によって行われています。この場合にも線量に応じて乳癌が増えています。ただ下のほうを見ますと、100から190ミリグレイぐらいのところではむしろ乳癌の死亡率が減っていますので、これはホルミシスの例として

取り上げられていることもあります。ただし700ミリグレイ以上ですと、確実に乳癌死亡率が増えています。ただこれも年齢との関係を見ますと、先ほどの論文とほとんど同じように10〜14歳のリスクが最も高いのですが、やはり若い女性のリスクが高いことが明らかです（N Eng J Med 321:1285, 1989）。さらに男性も含めて6万人以上の調査をしましても、肺癌は全く出てこない（Radiat Res 142 :295-304, 1995）。

　この二つの調査は線量も非常にはっきりしていますし、違う場所で違う人が独自に調査をしたのに同じような結果が出ているということで、非常に信頼性が高いと思われます。すなわち胸部のX線透視、9ミリ程度ぐらいの低線量ですが、累積で700ミリを超えると、若い女性にですが、乳癌が過剰発生するということです。

　これは局所の被ばくですが、全身の被ばくでも乳腺の線量は同じと考えると、全身で累積で700mSv以上になれば、若い女性であれば発癌の可能性が増えることになると思います。一方、低い線量では死亡率減少、ホルミシスの効果の可能性もある。

　この調査は50年後まで続けられていますので、どのぐらいで癌が出てくるかはっきりしており、ピークは25年から34年後です。

　もう一ついえるのは、最大では8ぐらいにもなるような線量でも、肺癌は全く過剰に発生していない。食道癌は500ミリグレイ以上で発生していますが、飲酒やタバコとの関係は不明です。逆にいうと、酒もタバコも多い人が500ミリ以上

浴びれば、食道癌が増える可能性はあると思います。

しかしどのような癌も、500ミリグレイ以下では発生していない。すなわち、しきい値があるということだと思います。

3. ICRPの主張の読み方

ICRPの話が今までもたくさん出てきましたが、もともとICRPというのは放射線作業者の安全のためにつくられた団体です。どこまで作業者が安全であるかということを、最も考えてきたわけです。1977年には年間50mSvまでという基準をつくりました。これは、一つには20年間働いても1000mSvである、そこまでは大丈夫であるというのが、もともとの思想であったかと思います。公衆は、このときにその10分の1になっています。

1990年に少し厳格になりました。5年間100mSvになりましたが、これでも18歳から65歳まで働いても1000mSvは超えないという線量です。このときに公衆の被ばくも1mSvに下がってしまいました。これは決してこれが限度というのではなくて、公衆の被ばくはできるだけ下げられるだけ下げておけばいいというような考えにすぎないわけです。

ICRPの人も、決して1mSvを超えると癌になるとは、誰も思っていません。むしろもう少しこれを上げたほうがいいという考えもあったぐらいですが、念のためといいますか、安全のために非常に厳しくしているだけです。

ただICRPの出版物などを見ますと、なかなか分かりにく

いことがいろいろ書いてあります。しきい値なしモデルをICRPがいまだに認めているようにも見えるところがありますが、それはあくまで防護のために、安全のためにしきい値なしモデルを一応推奨しているという形であって、決してそれで癌になるとは言っていないわけです。

このICRPの考えは、宇宙飛行士の被ばくの規制にも使われています。宇宙飛行士は一回宇宙に行きますと当然100mSvを超えてしまいますが、生涯の線量で規制されています。

46歳以上の男性ですと1000mSvまで、若い女性ですと500mSvまで。宇宙に行きますと1日1mSvぐらいまで浴びるのですが、もし500mSvを超えると途中でも強制的に地球に帰ることになっていますので、一応生涯ということで規制を受けている。これは先ほどのICRPの考え方に基づいています。

インドのケララ州では、生涯600mSvを超える人もあるのですが、特に癌が多いということはないということです(Radiat Res 173:849, 2010)。また、ときどき話が出ました元大阪大学名誉教授の近藤宗平先生は、イギリス人放射線科医のデータから、働いて被ばくし続ける人であれば、年間30mSvまでが安全であると本に書いておられます。つまり、20年働くとすると、限界は生涯で600mSvまでという主張をされておられます。

ではどこまでが安全かを考えますと、100ミリ未満で安全というのはどこでも言っておりますが、1回で100ミリ、1年で100ミリ、人によっては一生100ミリと考えている人もい

ます。そうなると訳が分からなくなります。

　生涯で考える場合は、1000mSvぐらいと考えるのがいいと私は思っています。ということは、30年被ばくし続けるとしても、年30ミリぐらいまでを目途にしておけば、この値を超えないわけです。これは職業人などの話ですが、一般の人の場合は、安全を見込んで生涯500mSvぐらいまでと考えるほうがいいのではないか。これは私の個人的な考えです。

4.　福島での食品規制はあやまり

　次に、セシウムからの避難と食品の話です。まず政府の対応でおかしかったのは、政府は当初「屋外8時間、屋内16時間」という仮定のもとに住民の被ばく線量を計算したのです。この場合には、空間線量×0.6ということになります。これを低減係数といいます。低減係数が0.6ですね。

　では実際はどうなのかというのを、長崎大学の高村先生が個人線量計を用いて多くの人を計っておられます。それによりますと、低減係数は0.6ではなくて、0.05から0.2、平均しますと0.1ぐらいになります（Radiation Protection Dosimetry pp.1-3,2012）。

　それからいいますと、政府の考え方は6倍ぐらい平均よりも多い。しかも被ばくが多いと分かっているところに、屋外8時間もいる人はいません。ちなみにチェルノブイリの低減係数は農村部で0.36、都市部で0.18と、もっと少なかったのです。

第２部　福島の低線量率放射線の科学認識と20km 圏内の復興

　避難を開始したときの地図をみますと、一番多いのが、空間線量で110μSv/h。先ほどの低減係数が0.6ですと年間550mSvになるのですが、実測値の平均0.1をかけると、年92mSvです。特に高齢者では室内の時間が長いですから、実際にはもっと低い。これが一番高いところで、そこからぐっと落ちて、政府の計算で年50、60mSvとなりますから、セシウムが年々減っていくことも考えると、実際避難する必要はなかったわけです。

　内部被ばくのこともいう必要もありますが、被ばく線量としては、年間0.16mSv以下にすぎません。セシウムによる内部被ばくの場合、セシウムは体に入ってきても筋肉に分布します。筋肉細胞は分裂しませんので、癌にならない。筋肉の放射性の感受性は極めて低いので、問題はないわけです。

　もう一つきちんと考えられていなかったのが、セシウム134と137。これはほぼ半分ずつ放出されたわけですが、セシウム134のほうが線量が2.7倍高いのです。134は半減期は2年ですが、線量の強さとしては2.7倍もある。ということは、両方足したものの合計の減り方は、普通に減っていくよりももっと早い。

　すなわち図６にありますように、1年で22％、2年で38％、物理的に減るのです。実際にはもっと減っています。午前中に高田先生が言われていたように、流されたり土に沈んだりでさらに早く減っていますので、今ですともうずいぶん減っていることになります。こういうことを何も考えず計算されていたというのも、おかしな話です。

第7章 日本の放射線防護の問題点

・物理的半減期　Cs137:30.04年、Cs134：2年
生物学的半減期 成人85日（乳幼児10～25日）
・放出されたセシウム134と137はほぼ1：1だが、134の放射線量は2.7倍なので、測定されるセシウムの73％はCs134による。
・Cs134の減衰が速いので、134+137の合計線量は1年で22％、2年で38％減衰し、3年で半分になる。実際のモニターでは1年で30％減少。

経過年数	1	2	3	5	10	20	30	50
$p(t)/p(0)$	0.78	0.62	0.51	0.37	0.23	0.17	0.14	0.09

図6　セシウムの衰退

　国連科学委員会でも入念な調査の末、福島の事故による健康被害はないだろうとはっきり言っているのですが、残念ながらあまりその結論は日本の新聞では報道されなかったようです。

　またチェルノブイリの記録もロシア政府が出しており、ロシア、ウクライナ、ベラルーシで中高年男性の平均寿命が低下したと。その理由はなにかといいますと、避難による精神的ストレスがよほど大きかったとはっきり言っているのですが、残念ながらこれが生かされていなかったということです。

　食品におけるセシウムの基準ですが、最初、暫定基準が年間5ミリシーベルト。これが年間1ミリになりました。それにより、日本の基準だけが国際的にみても非常に厳しい。10分の1どころか、もっと低いところもありますし、これは民主党政権のときですが、あまりにも基準が厳しい（図7）。『Forbes』という米国の雑誌があります。このなかの記事で、ジェームス・コンカという人が、「Were they nuts ?」、基準を作った人は

第2部　福島の低線量率放射線の科学認識と20km圏内の復興

単位・ベクレル／kg

国名	飲料水	牛乳	一般食品	乳児用食品
日本	10	50	100	50
米国	1200	1200	1200	1200
EU	1000	1000	1250	400
コーデックス規格	1000	1000	1000	1000

FAOおよびWHOによる国際食品規格（コーデックス委員会による規格）を参考にせず、IAEAなどの研究結果を無視している。

図7　食品中の放射性物質基準値

頭がおかしいのではないかと言っているぐらいです。

　この厳しい基準によりまして、全く関係のない青森県産のキノコが出荷停止になったり、また横浜市では1個当たり1ベクレル以下の冷凍ミカン60万個が捨てられたりということが起こったわけです。福島大学の佐藤理教授は、「基準を下げれば安心が達成できるのではなく、安心できないレベルが下がるだけだ」と言っておられますが、まさにそのとおりでした。

　もともと、今でもわれわれの特に高齢者の体の中には20〜60ベクレルのセシウムがあります。核実験のときにたくさんセシウムも降ってきまして、いまだに残っているわけです。それを食べたり飲んだりしながらわれわれは育ってきた

第7章 日本の放射線防護の問題点

という事実もあるわけです。

最後に、長期低線量率被ばくの健康増進作用についてお話ししたいと思います。論文に書かれているいろいろなデータがあります。先ほども少し出ましたが、イギリスの放射線科医の癌死亡率は、年1000mSvも被ばくしていたころは当然高かった(一般臨床医の1.75倍)のですが、年5mSvぐらいになってからは、一般臨床医より29％低くなりました(Br J Radiol 74:507,2001)。

また米国原子力船修理工約2.8万人の調査(ジョンズホプキンス大学マタノスキー教授)では、被ばくは累積5mSv以上、中間値2.8mSvぐらいなのですが、癌死亡率は普通の造船工より15％低い。全原因死亡率も24％低い。これは、きっちりした、数の多いデータです。

またヨーロッパのパイロットの死亡率ですが、だいたい2～5mSv、余分に被ばくします。パイロットの死亡率が低いというのは当然かもしれませんが、特にパイロットの中でも最も被ばくしたグループの死亡率が最も低いという結果が出ております(図8)。これはホルミシスでしか説明出来ないのではないかと考えます。

では、なぜホルミシスのようなことが起こるのか。生理学では、アルントシュルツの法則というのがあります。弱い刺激は生命活動(生理機能、神経機能)を奮い起こす機能を回復させる。中程度の刺激はこれを促進する、高める。しかし強い刺激はこれを抑制する。非常に強い刺激はこれを停止させてしまう。

第2部　福島の低線量率放射線の科学認識と20km圏内の復興

欧州7カ国航空パイロットの死亡率

Langner et.al. Radiat Environ Biophys 42: 247-256, 2004

- 1960~1997年の調査で、年間2~5mSv被曝する男性パイロット19184人のがん死亡率、全原因死亡率は一般人より有意に低い。
- パイロットの中でも、最も多く被ばくしたグループの死亡率が最も低い。

累積線量(mSv)	がん死亡比率	全原因死亡比率
0~4.9	0.91	0.99
5.0~14.9	0.67	0.66
15.0~24.9	0.71	0.64
25.0~	0.6	0.46

・1960~1997の調査で、年間2~5mSv被曝する男性パイロット19184人のがん死亡率、全原因死亡率は一般人より有意に低い。
・パイロットの中でも、最も多く被ばくしたグループの死亡率が最も高い。

図8　欧州7ヶ国航空パイロットの死亡率

　この刺激(ストレス)というのは、電気刺激や温熱や音波などもありますが、放射線もこれに当たると考えてもなにもおかしくありません。ただ、ではどの程度の刺激がいいのか、どの程度の線量の放射線がいいのかはなかなか難しいところですが、動物実験では、ある程度、ほどほどの線量が分かっています。強すぎても弱すぎてもいけない、ほどほどの線量がいいのだという結果も出ています(Int J Low Radiat 1:142,2003)。

　実際、動物実験では、先ほども少し出ましたが、奈良医大におられた大西先生のp53の活性化の話があります。低線

量照射でp53が活性化されますとアポトーシスが誘導されて、癌になりにくくなる(Radiat Res 151:368,1999)。

　もう一つ大事なのは、熱ショック蛋白(ヒート・ショック・プロテイン)です。これは低線量放射線によって誘導されることも証明されています(Int J Radiat Bio 68:277,1995, Radiat Res 157:650,2002)。熱ショック蛋白は温熱療法(ハイパーサーミア)で出てくるものですし、結構長いこと温泉やお風呂に入っていますと増えてきます。これは後で少し説明しますが、この熱ショック蛋白とp53は協調して、協力して生体防御、癌にならないように抑えることが認められています。

　熱ショック蛋白とはどういうものかといいますと、物理的(熱、放射線など)、化学的、精神的なストレスから細胞を保護してくれる蛋白です。傷ついた蛋白を修復し、修復可能ならば細胞死、アポトーシスに導くという作用を持っています。いろいろな実験もされていまして、ストレス潰瘍や高線量放射線、ショック、熱傷、細菌毒素などによる傷害が、この熱ショック蛋白を先に与えておくことによって、動物では抑制されるという実験結果もあります。

　また癌治療にも利用されていまして、NK細胞やT細胞を活性化する。また熱ショック蛋白が多く出ていますと、癌細胞の抗原が複合体に引っ付きまして、この細胞は癌だということをほかの免疫細胞に知らせる。つまり癌ワクチン効果というのもあります。癌に対する免疫力が強化されるということで、癌の温熱療法はこのショック蛋白が出るということで行われているわけです。

第2部　福島の低線量率放射線の科学認識と20km圏内の復興

　もう一つ、ドス先生も言われましたが、運動と放射線。まず運動では、激しく運動すると活性酸素がたくさん出ます。活性酸素がたくさん出るほど分子も傷つきまして、NK細胞、免疫細胞が低下する。すなわち免疫力が下がります。しかしながらトレーニング(適度な運動)によりまして、今度は抗酸化酵素が元気になりますし、抗酸化物質も増えます。また好中球、NK細胞も増えて免疫力も上がることが証明されています。つまり激しい運動を続けるのは体に悪いのですが、適度な運動を継続的に続けるのは体にいいということです。

　こういうことがなにか証明されればいいなと思っておりましたら、今年こんな論文が出ていました(J Am Coll Cardiol 65:411,2015)。ジョギングの量と長期死亡率の関係です。

　軽いジョギングをする人(週に1〜2.4時間)、中等度の人、強度のジョギング(週4時間以上)。その人たちの長期死亡率を調べてみますと、もちろん軽いジョギングの人が最も死亡率が低いのですが、強度ジョギングの人はなにもしない人とあまり差がなかった。さらにその中から、喫煙、飲酒、糖尿病など余分な因子を取り除きますと、なんと軽いジョギングの人が一番長生きなのはもちろんですが、強度のジョギングの人はなにもしない人よりも死亡率が高いという結果が出ています。つまり激しい運動を続けるのは体に悪い、軽い運動がいいということが証明されたようなものかと思います。

5. チェルノブイリにおけるさまざまな実例

 さて、長期の被ばくの実験は人間ではなかなかありませんが、チェルノブイリの被ばくの森は自然の実験施設みたいなものですので、これを見ると非常に分かりやすい。25年間の間に、森の中でネズミは何世代も変わっていますけれど、その過程でかなりの量を被ばくしてきました。このネズミの遺伝子を調べると、突然変異の確率がむしろ低かったと研究者は言っております。

 また、この森に連れてきたネズミを45日間放置しておきますと、活性酸素に強くなったと、この研究者が言っています。空間線量を見てみますと10.4マイクロSv/hで、ネズミは11mSvぐらい浴びたわけですが、非常に活性酸素に強くなった。普通のネズミと比べると活性酸素処理機能が改善したのは明らかでした。ただこれはいわゆる放射線適応応答というもので、効果は一時的です。

 一方、ツバメには癌が見られた。これも非常に大事なことです。ツバメにだけ癌が見られたのです。なぜかといいますと、ツバメはアフリカからチェルノブイリまで飛んできます。激しい運動をしながら飛んでくるのですから、当然抗酸化力も低下する。免疫力も低下する。そこへ被ばくをする。そうすると癌ができる。この複合的な影響によるものです。

 人での実験データは少ないのですが、服部先生も言及されました、山岡先生のラドンの実験があります。三朝温泉のラドンの多いところに住んでいる人はp53のレベルが高いし、

SOD活性も高い。さらに高濃度ラドン室に入ってもらいますと、SOD活性も上がるし、キラーT細胞、免疫機能が高まることを証明されています(J Radiat Res 46:21-24, 2005、J Radiat Res 45:83-88, 2004)。これはラドン吸入のデータです。

あるいは、私もカテーテル治療を長年ずっとやってきました。低線量の被ばくを長年受けてきたわけですが、そうした人たちの血液を調べますと、活性酸素(過酸化水素)の濃度が3倍も高い。ただ、一方これを処理するグルタチオンが2倍、それからアポトーシスを誘導するリンパ球のカスパーゼ3の発現も亢進していたということで、継続的な被ばくによって放射線に対抗する変化が細胞内に起きているということを、イタリアのグループが証明しています(Eur Heart J 33:408, 2012)。

6. ホルミシスマットとその効果

最後に、大阪府立大学名誉教授の清水先生のお仕事を紹介したいと思います。清水先生は健常者を対象とした放射線ホルミシス効果について、検討されています。ホルミシスマットというのを6カ月間継続使用してもらうのです。それによって、活性酸素除去効果、抗酸化力向上があるかどうかをまず調べています。

ホルミシスマットの線量は、聞きましたら1.6マイクロSv/hです。ということは、1日8時間、半年間ですと、2.34mSvぐらいになります。そのぐらいの決して多くない線量ですが、

どうなったかといいますと、プラセボマットに比べて4カ月後、6カ月後、明らかに活性酸素の量が低下しています(図9)。

また、免疫力も調べています。21歳から55歳の健康な男性40人で、ホルミシス群、プラセボ群に分けて、まず全員に快適運動をしてもらいます。さらに、寝るときだけマットを使用する。プラセボ群とホルミシス群が分からないまま使用するということです。それをしたあと、唾液の中の免疫ホルモンを調べています。

そうしますと、運動をしていますから、どちらのグループもこの免疫ホルモンが上がっています。しかしながらプラセボ群、青いほうですが、それに比べますとホルミシス群の上がり方が非常に激しい。多い。すなわち快適運動プラスホルミシス効果によって、明らかに免疫力は上がる(図10)。微量放射線ですが長期に浴びることによって上がることを証明しておられます。

また、睡眠についてもデータを取っておられます。ホルミシスマットによって徐波睡眠が増えてくることも証明しておられます。プラセボマットでは変化なしです。また、ホルミシスマットの場合は入眠時間も短縮するということも調べておられます。

更にもう一つ、男性ホルモン(テストステロン)について調べておられます。テストステロンが不足しますと、性機能だけでなくて脳血管障害、心筋梗塞、癌のリスクも高まるといわれております。女性にとっても大事なホルモンです。調べ

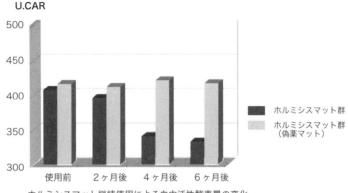

プラセボマット群に比べて、ホルミシスマット群では4ヵ月後、6ヵ月後の活性酸素量低下が著明

図9 ホルミシスマット継続使用による血中活性酸素量の変化

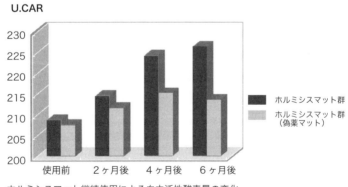

唾液の免疫ホルモン（s-IgA）が有意に上昇することで、ストレスの解消あるいはリラクゼーション効果が認められる。

図10 ホルミシスマット6ヶ月使用によるs-IgAの変化

第7章　日本の放射線防護の問題点

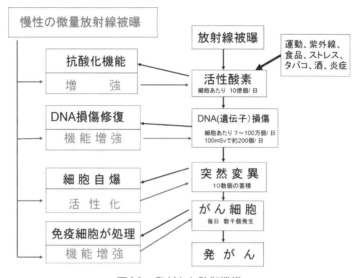

図11　発がんと防御機構

ますと、まず女性のほうがより効果があったようです。ホルミシスマットを4カ月、6カ月と使用しているうちに、テストステロンが増えてきたということです。男性も4カ月で少し増え、6カ月でずっとテストステロンが増えてきたということです。

　すなわち、健常者を対象とした調査ですが、このマットの継続的な使用によって活性酸素量が低下しました。あるいは免疫力が強化され、睡眠も質的に改善、さらに男性ホルモンが増加したという結果です。

　先ほどの癌になる機序に対して、放射線ホルミシスがどのように対抗しているのかを表したのが図11です。微量の慢

性の放射線刺激によって活性酸素が増え、DNA損傷の修復機能が増強し、突然変異に対してはアポトーシスが活性化され、なによりも免疫力が強くなります。大きく分けて、抗酸化機能が改善する。これによって生活習慣病が予防・改善されますし、免疫が強くなる。これによって癌を予防・抑制するということになるかと思います。

　私はこの放射線ホルミシスによって、多くの人が生活習慣病、そして癌を防ぐ時代が早く来ることを念願して、私の話を結ばせていただきます。

第8章 低線量放射線科学国際的検討の経緯と未来

服部禎男

1. ラッキー論文の衝撃

　私は、東京工業大学大学院原子核工学修士課程修了後の1959年、アメリカ合衆国オークリッジ国立研究所原子炉災害評価研修に留学しました。この時の留学生は世界から26名です。当初は、原子力災害によって人間の染色体が大変な影響を受けるといった授業などを一年ほど受けました。オークリッジで私が学んでいた時は、まさにICRPが、世界に対し、放射線の危険性を勧告した翌年です。ですから、教育にも大変力が入っておりました。放射線は恐ろしい、染色体が汚染されてめちゃくちゃになる、そういう思い込みから私の原子力研究は始まっていたのです。

　ところが、1984年12月、クリスマスのころに、電子力中央研究所(電中研)の、山岡君という若い研究者から、面白い論文があるとラッキー博士の論文を紹介されました。82年12月に発表された『Health Physics』という学術誌の論文です。

なかなか難しい論文ですが、確かに面白くて、正月休みに辞書を引きながら読みました。読み終えたら腹が立って腹が立って仕方がありません。アメリカ留学中に教えられたことを真っ向から否定しているからです。下手な英語ですが、アメリカに手紙を書くことにしました。論文が発表された二年後の84年のクリスマスのころに、その論文を東大の図書館で見つけた。それで正月休みに辞書を引いて、難しい論文だな、かなわないなと思いながら読んだ。読んだ後、電中研に来て「山岡君、俺は怒ったぞ」と言いますと「なにを1人で怒っているんですか」。とにかくアメリカに手紙を書くぞということになりました。

　カリフォルニアに、EPRIという、日本の電中研の数倍の金を使っている電力研究所があるのですが、私はオークリッジでたまたま親しかったのでそこのフロイド・カラーさんに手紙を書いたのです。ラッキー論文を同封して理事長になっていたラッキー論文は俺が勉強したのと違いすぎる、これまで自分の勉強してきたことは間違いだったのかと、送ったんです。

　そうしたら、フロイド・カラーさんは、すばらしい紳士なのです。それをわざわざ持って、カリフォルニアからワシントンに行って、アメリカのエネルギー省に「この男、真面目で俺は気に入っていたのだけれども、怒っている、どうしたらいいだろうか」と問い合わせてくれたのです。おかげで、私はその後色々な研究ができるようになりました。ラッキーさんともその後友だちになって、ロッキー山脈をドライブし

第8章　低線量放射線科学国際的検討の経緯と未来

てくれたり、本当に親しい関係になりました。

こういうところはさすがアメリカですね。ラッキー論文を主題に、85年8月、オークランドというところ、ここはカリフォルニアのバークレーのすぐ近く、DNAのゲノム研究のメッカです。このオークランド会議で世界から百数十名の人を集めて、このトーマス・ドン・ラッキーの学説が正しいのかどうか、議論することになりました。

この会議の事務局を務めてくれたのは、レオナード・セイガンという、EPRIの環境部の本当に真面目な人です。この人が電話で「おい、ちょっとアメリカに来いよ。あなたが起こした大騒ぎの結論を言うよ」と言って来ました。「ラッキー、あいつは真面目な科学者だ。でもバクテリアとか昆虫とか、そういうデータしかない。哺乳類動物とか、もっと人間に近い生命体で検証しなくては駄目だ。生命科学者だから、彼の意見は昆虫の結論を人間にすぐ結びつけてしまう極端なところがある。元々あなたが火をつけたんだから、この研究を動物でやるのは、日本で貴方たちがやりなさいよ」というなりゆきになってしまいました。

2.　日本でのさまざまな成果

でも当時の電中研に帰ってきたら、研究しているのは土木、水力、ダム、超高圧送電線。医学は1人もいない。それで菅原努・京大医学部長に電話をして、どうしましょうと言ったら、「おもしろいよ、みんな東京に集まろうよ」と言ってくだ

さって、放射線分子生物学の日本一の科学者、近藤宗平先生も参加されました。

そして、1988年にすばらしい実験をやったのが、岡山大学医学部です。当時、森昭胤先生という活性酸素の研究では日本一だという人が、たまたま岡山大学にいた。その人の指導で、おもしろい実験をやったのです。もちろん皆さんご存じの、活性酸素を抑えるSOD(スーパーオキサイドディスムスターゼ)、GPx(グルタチオンペルオキシダーゼ。)SODとGPxは細胞の中で活性酸素を抑えて人が長生きするようにする、二大巨頭です。そして、細胞膜、核膜。DNAが詰まっている核膜の透過性を調べた。そうしたら案の定、みんな年をとると膜の透過性がどんどん駄目になって行き、そして死ぬのですが、放射線を当てて、100mSv、150mSv、250mSvぐらいをX線でちょっとずつ全身に当てる実験を行います。マウスが一番手頃です。すると放射線の効果で、65歳クラスの透過性のデータが、だいたい20歳クラスの透過性に若返るのです。

それで菅原先生が、「服部さん、病院をつくろう。65歳が20歳になると言ったら、喜ぶ人が沢山いる」。菅原先生は東京に来るたびに、「おい、病院をつくろう」。もう興奮してしまった。菅原先生は本当にいい方で、近藤宗平さん(大阪大学教授)もものすごい勉強家ですから、両巨頭が徹底的に議論してくれた。そのおかげでど素人の私が、いろいろな勉強ができた。本当に感謝しなければいけない出会いでした。

もう一つ、古元先生という人が岡山にいて、「ラドン温泉

第8章　低線量放射線科学国際的検討の経緯と未来

だって調べるべきだ。なんでX線照射だけでやっているんだ」と、三朝温泉の西の池田鉱泉というラドンの多い温泉水を沸騰させて、その蒸気を何百というウサギに吸わせました。ウサギは嫌がりますけど、とにかく1時間以上も吸わせる。

　そしてなにを調べたかというと、ホルモンです。皆さんのホルモンの中でも、糖尿病に対するインシュリンとか、やる気満々になるアドレナリンとか、もちろんそういうホルモンも調べました。そこで一つおもしろいのが、喜びのホルモンといわれる、うれしくなってしまうホルモン、ベータエンドルフィン、痛みを忘れるホルモン、メチオニンエンケファリン。軽い放射線を当てると、これらのホルモンがどんどん増えてくるのです。「おい、喜びのホルモンが増えてくるんだぞ。いいじゃないか。アメリカの大統領に吸わせてみようよ」、なんて冗談を言いながら、本当に楽しい研究でした。

　こうして岡山大学から始まった研究は、全国から10以上の大学、東大、京大、ありとあらゆる関心を持った人たちが参加してきました。そこで、「服部さん、委員会をつくらないと駄目だ」ということになり、研究委員会をつくって、菅原・近藤の両巨頭のほかに放射線審議会の会長の岡田重文先生など偉い人も入れて研究を続けました。

　おもしろいデータが出ると、皆が論文を書くのです。そして英語にしてあちこちに投稿する。すると突然アメリカから電話がかかってきました。「お前、なにやらおもしろいことをやっている。ワシントンでスピーチしろ」と。来たぞという感じだった。アラン・ワルターというアメリカの原子力学

会の会長からの電話でした。

　1994年、ワシントンに行きました。そうしたらそこで皆さんに大変よろこばれましたよ。NIHがワシントン・シェラトンのすぐそばだったものですから、NIHのそうそうたる科学者などが800名以上、みんな楽しんでしまった。私が動物実験の面白い話をしましたら、参加者がみんな興奮して、マイクのあとに3列も並んでしまった。質問攻めにあうのか、これは大変なことになったなと思いましたら、「こんなおもしろい話、生まれて初めて聞いた。俺もこの実験をやりたい。やり方を教えてくれ」。お褒めの言葉の連続で、私はうれしくなって、アメリカ人は率直でいいなと、急にアメリカ好きになってしまったのです。それが1994年秋です。

3.　マイロン・ポリコーブと　　モーリス・チュビアーナの活躍

　そうしたら、カリフォルニア大学バークレーのゲノムの大御所にこの話が伝わりました。バークレーのマイロン・ポリコーブ、この人はまさに総帥で、あらゆる分野、外科から内科、脳の研究だろうが、どんな論文でもすべて読むというタイプの学者です。その人から電話がかかってきて、「今度サンフランシスコでやってくれないか」と。それで1995年、サンフランシスコで原子学会の付録の形でやりました。

　そうしたらその日の夜、事件が起こりました。まず私が1995年の秋にスピーチをしましたら、ホテル中に、偉大な

第8章 低線量放射線科学国際的検討の経緯と未来

るマイロン・ポリコーブの特別講演が今晩あるから、ホールに集まれというはり紙だらけになっている。私ももちろん聞きに行きました。

ポリコーブというのは猛烈な激しい本当の科学者です。なぜ猛烈かといいますと、ポリコーブというのはロシアの亡命者の息子だった。親父が体操の選手で、オリンピックかなにかでロシアからアメリカに来て、そのまま亡命したのです。その息子だったものですから、人生も経験も元々激烈で、その人自身も極端で激しい性格でした。

そうしたら1時間半ぐらい、ホルミシス、DNAゲノムの世界になにが起こっているのか、DNAは実は刺激を求めている、ある程度の刺激はDNAを非常に活性化するというような話から、「これは政治的にも重大な意味がある」と。当然ICRPの、放射線は危険だという主張に世界中襟を正していたところで、これを正すために「実は自分は本日をもってカリフォルニア大学を辞める決意をした」。これはえらいことになったとみんな興奮してしまった。そして、「これからは俺はワシントンに移住する」という決意表明のスピーチになってしまった。私は『魂の人マイロン・ポリコーブ』という本でも書かなければと思うぐらいでした。すごい人がアメリカにはいるなと。

すると、世界の放射線分子生物学の開祖で、ものすごく丁寧に問題を整理する学者の、ドイツのルードヴィヒ・ファイネンデーゲンという、世界トップの方が、マイロン・ポリコーブさんがそういうのなら俺も手伝うよと、奥さんを連れ

てきて、ワシントンの同じマンションに住みつき、その後、大論文をまとめていきました。この論文の中身がすごかったのです。

まず非公式に、ワシントンで、ある重要なアメリカ人の屋敷に夜に集まるから、お前も来いと。連れて行かれまして、非公式に、この論文を世界的に発表するための事前説明が行われました。

その内容は、DNAは活性酸素との戦いで生きているのだ。活性酸素との戦いはどれぐらいものすごいか。そして自然の放射線はどれぐらいのことをやって、DNAをやっつけているか。その比較論でした。

だいたい活性酸素は自然放射線に比べて1000万倍の悪さをしている。10の7乗違う。だから活性酸素との戦いで、われわれはDNAを修復したり、アポトーシスとか、いろいろなことをやって生きている。そのへんから始まりました。

そのお話で集まった家が、アメリカでノーチラス号のリッコーヴァー提督を手伝って世界最初の原子炉をやってのけた、テオドール・ロックウェル氏の屋敷です。まだ青年だったときにオークリッジから引っ張られて、海軍のリッコーヴァーのお手伝いをした、その人が年をとって、ワシントンに屋敷があった。テオドール・ロックウェルさんの屋敷で初めて聞いたのが、マイロン・ポリコーブとファイネンデーゲンの論文の中身。それは、なぜそんなレベルにこういうおもしろいことがあるか。ゲノムの世界になりましたけれども、われわれの細胞は、細胞1個当たり、1日にDNA修復を100万件

第8章　低線量放射線科学国際的検討の経緯と未来

やっている(per Cell, per Day)そのようなことがいろいろまとめられていました。

その後マイロン・ポリコーブはWHO本部に行き、IAEAの本部に行き、世界中を駆け巡ったのです。そして1997年11月のセビリア会議をもたらしました。そこでICRP派とDNA修復派との激突です。1週間同じ喧嘩をしているのです。月火水木金、金曜日にもううんざりした。最期には、いったいわれわれの体はどれぐらいのレベルの放射線でどういう目に遭うのか、限界追求をしようと。そういう提言で会議は終わりました。

そこでフランスの医科学アカデミー、モーリス・チュビアーナ博士が立ち上がりました。EUの細胞学者に呼びかけて、若い細胞を集めて放射線を当てるわけです。

そうしたらモーリス・チュビアーナは、だいたい10mSv/h、1時間に10mSvぐらいまでは放射線に対し細胞は頑張れるという中間報告会をダブリンでやりました。彼は2001年まで研究を続けて、ダブリンで、10mSv/h以下は放射線による影響はない、細胞は修復できるという発表をしています。

もう一つ、アメリカでは、1998年8月、ドメニチ上院議員がハーバード大学で、放射線の議論はサイエンスとポリシーが徹底的に乖離している、これでは駄目だというスピーチをしたのです。そうしたらすぐに、これは放っておけないと。向こうは10月からの予算ですね。日本は動物に当てていたけれど、アメリカはレベルが違う。DNAのレベルから徹底的にやろうということで立ち上がった研究の一つが、きょう

お話しいたします、アメリカの科学アカデミー報告に出ています。

　私はなんでもとんでもない論文をおもしろがってしまうのですが、なんといってもフィラデルフィア・フォックス・チェイズのアルフレッド・クヌッツォン(Knudson)。きょう来られたモハン・ドスさんに聞いたら、クヌッツォン博士はもうそろそろ90歳です。その方は、約30年ぐらい前に癌抑制遺伝子を予言して、ノーベル賞候補になった方です。

4.　最新の学説がきりひらく未来

　クヌッツォンがなにを言っているかといいますと、皆さんの細胞に放射線をどれくらい当てると、パラダイスになるか知っているか。パラダイスという表現はちょっと悪いですが、クヌッツォンはMMDR(Minimal Mutability Dose Rate)領域と言うのです。突然変異とか、DNAのいろいろな変異が、どうも癌になったりする。それが起こらない線量率の領域を、われは見つけたり。ミューテーションのほとんど起こっていない領域または、起こりにくくなる、最低になる線量率領域を、われは見つけたりという。

　精原細胞とか精子とか、そういう弱い細胞を体細胞を含めて徹底的に調べ、数十年世界のデータを整理したら、1時間に60mSvから1時間に600mSvの範囲に、ミューテーションのものすごく起こりにくい線量率領域を、われ見つけたりと述べています。日本では、放射線は怖いという論文は皆読み

第 8 章　低線量放射線科学国際的検討の経緯と未来

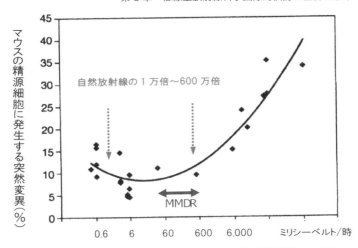

図１　最高の DNA 修復が明示されたデータ（米国科学アカデミー報告（2006 年））

ますが、こういう論文は私くらいしか読まない。でも、それを夢中になって私は読んだのです。

それは 600mSv/h のところまで、ぐっと、U 字曲線なのです。自然放射線レベルなんてとんでもない。ミューテーションがたくさん起こる。それより高いところ、今の 60 ミリ、600mSv/h なんてとんでもないあたりに、谷底があるのです。すると、同じフォックス・チェイス研究所にモハン・ドスというおもしろい人がいると聴きまして、ぜひ、この人をお呼びしたいということになりました。というのは、クヌッツォンさんはもうお年、90 歳くらいなのです。モハン・ドスさんは若い。よし、この人だと。おまけにヒンズー教のタミルナドゥ生まれ。いや、これは大物だぞと思って、来ていただき、議員会館で 4 日間スピーチしていただきました。と

第 2 部　福島の低線量率放射線の科学認識と 20km 圏内の復興

いうことで、ちょっと過去を暴露しました。MMDR、われ見つけたり。U字曲線。その論文の1ページ目が、U字曲線のタイトルの DNA damage, Radiation dose-rate effects。最後に signaling resonance と結んであるのです。この言葉に引っかかってしまった。どこを読んでも丁寧な説明が論文の中にない。ただし、タイトルに signaling resonance と言い切っています。

　signaling resonance とはなんぞやと一生懸命考えると、中の文章で、大昔、10億年前には地球にはものすごい火山があって、地球上の放射線はものすごいレベルだった。そこで奮闘して今日に来ているのだ。そうすると、そのへんのレベルで訓練を受けている。そしてなにかシグナルだ、直せ、直せ、やられた。それは活性酸素かもしれないし、ものすごい放射線レベルの時代だったかもしない。そのシグナルを出す訓練をされているから、600mSv/h、なにがおかしいか。おかしくない。signaling resonance だと、言い切っているのです。

　どうもこの刺激で、居眠りをやめて、DNA修復の活動が活性化するのではないか。DNA修復がしっかりなされる。だからこのへんがいいのではないかという言い方です。その大もとは、昔は火山がものすごくあって、地球上の放射線レベルが高かったかもしれない。それとも活性酸素によって修復の訓練がなされて、それがこのへんの領域かもしれない。

　これはもう一つ付け足しです。クヌッツォンの論文は、癌細胞が「俺は増殖する。癌細胞を増やしていくんだ、増えていくんだ」と言いだす前に、おい、ちょっと待ったと放射線

第8章 低線量放射線科学国際的検討の経緯と未来

をなんと1時間に1000mSvぐらい当てる。増殖、細胞が二つに割れる前に、DNAが二つに割れなければいけない。二つになる。そのへんの活動にストップをかけることができるように思われる。そういうデータが出されています。それを癌進行抑制の放射線線量率効果と呼びます。

　もうひとつは、最初にお名前を挙げましたラッキーさんの言葉です。ロッキーの山の中をドライブしたラッキーさんが、あちこちの喫茶店みたいなところでコーヒーを飲みながら言い続けていたのは、カリウム40。あの人はカリウム40というものに、ものすごい興味を持っているのです。カリウム40はどんなベータ線を出すのかと思ったら、寿命は長いです。10億年以上の半減期。だからこれはめったに起こってこないのですが、来たらDNAがびっくりするような、ものすごいエネルギーです。

　カリウム40の出すベータ線は、130万電子ボルトといいまして、1.3ミリオンエレクトロンボルト。ものすごく強いベータ線を、ドーッと出すのです。それがどれぐらいあるかというと、皆さんの体に4000ベクレル、1秒間に4000本出ているのです。体のどこかにです。100万本もああだこうだやっている中ではほんのわずかですが、それにしても1秒間に4000本、130万電子ボルトのベータ線。セシウムは140万とか240とかです。ストロンチウムを調べましても、130万電子ボルトというのは大きいです。ものすごいレベルのベータ線です。それをカリウム40はポロポロと出している。

　もちろん全身問題としては4000ベクレル、1秒間に4000

本出ていても全細胞から見たらしれたものという意見もかなりあります。しかしDNAが受ける刺激としては、ものすごいのです。ＤＮＡはこの刺激で目を覚ましてしまうのです。DNAは、そういうのがときどき来ることを知って、今日に至っている。

　なにが言いたいかといいますと、ラッキーさんは、その刺激がどれぐらい意味を持つかということは重要なことであって、これがひょっとしたら命のもとかもしれない。その刺激でDNAが目を覚ます。そうだ、俺は仕事があった、寝ているときではないんだと。その役割を果たしているのがカリウムなのだと。

　カリウム40はカリウムの中でほんのわずかですね。カリウムというのは大事なもので、細胞膜にカリウム、ナトリウムのポンプがあって、「ナトリウムは嫌い、出て行け」「カリウムは大好き、取り入れる」と、細胞膜で中へ中へとカリウムを取り込み、ナトリウムを追い出す。

　脳神経細胞は、全身への命令などいろいろ出る大事な細胞ですが、それにはカリウムが多く行くのです。このカリウムちゃんはなにやら重要なものだぞと、そのへんをラッキーさんは、ドライブしながらしゃべりまくるわけです。

　皆さん、トーマス・ドン・ラッキーの『Radiation Hormesis』は日本語版にもなっています。読まれると、カリウム40のことがものすごく出てきます。ベータ線だ、デルタ線だ。やたらとデルタ線と。デルタ線という弱い電磁線です。その話まで、カリウム40は20％ぐらい出しています。そういうの

第8章 低線量放射線科学国際的検討の経緯と未来

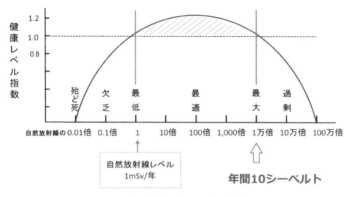

図2 ラッキー博士の放射線健康効果の図

までラッキーさんはどうもおもしろくてしょうがないと。

ということで、きょうは皆さん真面目な勉強家の方にはいい加減にしろという話かもしれませんが、変わった話に興味を持つという悪い特性で。せっかくパワーポイントを用意していただいたので、幾つか紹介させていただきます。

ラッキーさんはどのへんまでがホルミシスだと言っているか。図2をよく見ていただくと、自然放射線の1万倍までがホルミシスの領域だとおっしゃっています。1万倍というと、年間10Svですね。ものすごいでかさです。だいたい月に1Sv。100mSvとかなんとかかんとか言っていますが、月に1Sv。そのへんのところもホルミシス領域ですと、ケロッとしてこのラッキー曲線を出している。

これはもう少し真面目に詰めなければいけないテーマだと、モハン・ドスさんは言っておられる。大きな研究組織をつくって、この説についての大研究をやるべきなのに、研究も

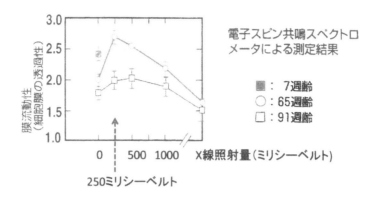

図3 細胞膜透過性の飛躍 エックス線全身照射による大ネズミ大脳皮質細胞(電中研(現岡山大) 山岡)

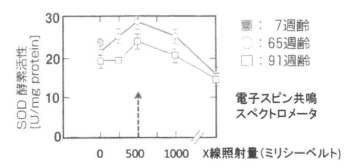

図4 抗酸化酵素SODの増加 エックス線全身照射による大ネズミ大脳皮質細胞(電中研(現岡山大) 山岡)

されず放っておかれたままだと、この前も、今回も強調しておられました。

　図3・図4は山岡君が岡山でいろいろやったものです。膜の透過性も出ています。

　大西武雄先生はミスターp53というべき方で、奈良医大で

第8章　低線量放射線科学国際的検討の経緯と未来

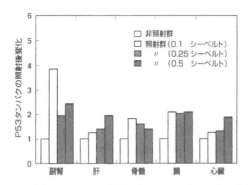

図5　ガン抑制遺伝子 p53の活性検査　大ネズミ全身照射後（X線照射6時間）各臓器の細胞（奈良大　大西）

p53に生涯を捧げた。図5は癌抑制遺伝子です。癌抑制遺子のいろいろな臓器の細胞で、p53が放射線を当てるとどれぐらい増えるか。100mSv当ててみたり、250ミリ当ててみたり、500ミリ当ててみたりすると、どんどん増えました。

図6はホルミシスの確認実験。これがさっきのベータエンドルフィン。それからメチオニンエンケファリン。こんなものまで増える。

図7は、坂本先生はずっと前から研究されてきた方で、この分野は本当にずっとずっと先輩です。全身に1日おきに100mSv、X線で当てる。すると悪性リンパ腫の患者の治療に役立つということを、ずっと前に論文にしておられます。100mSvを1日おき、全部で5週間で1.5Svです。

きょうは変わった話をするのがどうも私の立場かと思いまして、カリウム40の話とフォックス・チェイス・キャン

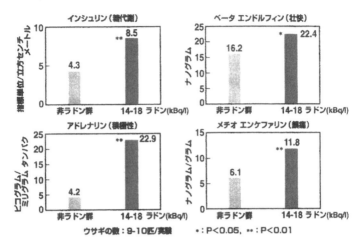

図6 活性化及び鎮痛関係ホルモンの変化 ウサギに対するラドン吸入実験（池田鉱泉水使用）（山岡、鈴鹿、古元、岡山大）

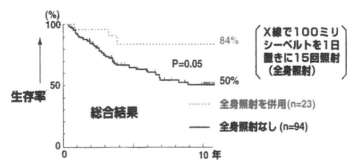

図7 悪性リンパ腫（非ホジキンス）治療における全身照射効果（東北大名誉教授 坂本澄彦）（The Jounal of JASTRO 1997, 9月）

サー・センターのクヌッツォンの話をいたしました。

カリウム40については、オークリッジというのはとんでもない実験をやるのが趣味でして、私が行っていたころもそ

第8章　低線量放射線科学国際的検討の経緯と未来

うです。オークリッジがなにをやったかといいますと、カリウム40に目をつけたのです。もしかすると、これがどうも命のもとかもしれない、カリウム40の放射線で生命活動がなされているかもしれないということで、アメリカならではで、さすがにそういうものをよくつくったものですけど、わざとカリウム40を除いたカリウムで培養液をつくって、細胞培養をやったのです。そうしたら細胞は一切の動きを止めてしまった、これが、ジェームズ・マカハイデという原子力学会の放射線部長が、とっておきの話として言っていたことです。

マイロン・ポリコーブも亡くなりました。ラッキーも亡くなりました。チュビアーナも亡くなったということで、この数年間で巨頭たちがどんどんこの世を去っています。是非とも日本でこの低レベル放射線の研究をし、ドスさんの叫びのように大きな組織と大きな予算で、世界に先駆けて低レベル放射線は体にいいぞということで、研究を深めて、世界のリーダーになってほしい。この前のときから何度も言っている。日本こそこの研究に乗り出すべきだ、今回の事故は福島のそういうことに引き金を引く事件だ。そのように受け止めて、前向きに動き出してほしいというのが、モハン・ドスの叫びです。

それからもう一つは、マサチューセッツ大学のカラブリーズ教授。実はアメリカのエネルギー省、環境庁としっかりつながっています。私が国際ホルミンス学会(International Dose response Sosiety)からバンガード賞をもらったときも、

両方のいろいろな人、フランスからも来ていましたが、カラブリーズに質問が出てしまった。「服部というこのクレージーな男にバンガード賞か。お前、そんなに気に入っているのか」と。そうしたらカラブリーズは、「私は気に入っているんだ。なにが悪いんだ」と、はっきりDOEの人に私のことをバンガード賞を与えるに値すると言って、大きな祝福をくれました。たしか2007年、本当に名誉あるバンバード賞をいただいて、私はうれしい記念品になりました。きょうはそんなことで、ちょっと私の人生を辿りつつお話しさせていただきました。

【コラム】世界の報道から

●ニューヨーク・タイムズ

　この研究会内容が、アメリカのニューヨークタイムズ及びウオールストリートジャーナルにて報道されました。2015年9月21日のニューヨークタイムズ科学欄では、ジョージ・ジョンソン氏の「放射線が本当のリスクでない時」が掲載され、そこでジョンソン氏は、この研究会とIAEA報告書は、いずれも福島の事故によって「誰も放射線によって、死亡したり病気になったものはいなかった。福島の原子力発電所関連の従業員の間でさえも今後この事故の関連で癌になる人の数はあまりに低くて計る事が出来ない」ことを確認したと述べています。しかし、現実には「1600人の人たちが強制避難のストレスによって死亡した──この点は日本の原子力発電所からの比較的低レベルの放射線漏洩によっては正当化できない」ことを、この研究会は提起しているとしています。

　その上で、モハン・ドス氏に直接取材し「日本政府はパニックに陥った。放射線の恐怖が人々を殺した」という同氏の言葉を紹介し、さらに次のようにドス氏の論考を紹介しました。

> 「東向きの風によって、放射性降下物の大半が海へと流れ、残りは広がって希釈されて陸地に落ちた。もし避退者達が自

第2部　福島の低線量率放射線の科学認識と20km圏内の復興

◇◇◇

> 宅に留まっていたらこの4年間の間に彼らの放射線受容量は最も線量が高い場所であっても、累積で70ミリシーベルト程度であったろう。これは、全身のCTスキャンを毎年受けた量とほぼ同じである。しかもこのように高い放射線量の場所は本当に例外的であった。大半の福島居住者の被爆線量は年間4ミリシーベルト程度(地球上における自然の放射線量は年間2.4ミリシーベルト)であった」。

そして、ジョンソン氏は、被爆の影響を極端に恐れるのは、"直線的・しきい値なし(LNT)モデル"、つまりどのように微量でも放射線は悪影響を人間に及ぼすという「仮説」によるものだと指摘し、ドス氏を、世界の放射線科学の標準と成っているその仮説に疑問を持っている科学者の一人であり、ある水準以下であれば放射線は無害、もしくは人体に有益であるという「ラディエーション・ホルミシス」説を紹介しています。

ジョンソン氏によれば、ドス氏はロス・アンジェルスのUCLAメディカルセンターのキャロル・マーカス氏、及びアルブケルクのサンディア・ナショナル・ラボラトリーのマーク・ミラー氏が、共同で原子力規制委員会に、根拠なき放射線に対する恐怖からくる過剰反応を抑えるために、規制を改訂すべきとの提案書を送ったことを報告した上で、次のように、現在のLNTモデルの矛盾を指摘しています。

> 「1シーベルトの放射線が、それが照射された人々のうち5%

【コラム】世界の報道から

の人たちに致死的な癌を発生させるとすれば、直線・しきい値なしモデルによれば、1ミリシーベルトの被ばくは1千分の一の危険をもたらす、つまり0.005%であって、10万人の人の中で5人の致死性の癌を引き起こすことになる。もしその理論が正しいとするならば、福島原発から20キロメートルの半径平均的な累積放射線量16ミリシーベルトの地域の人びとを強制避難させたことによって、癌による付加的な死亡者の数は多分、160人減らす事が出来たことになる(それは強制避難の結果の死亡者総数の10%にすぎない)」

「ところがこの推計は現在の基準が正しいことを前提にしている。ホルミシスの考え方によればそれをさらに進めて低線量の放射線は現実的には人間の健康リスクを低下させる。生命は弱い放射線環境の中で発展してきたものであり、実験・研究結果や動物実験は弱い放射線は、人体に防御的な生体反応を引き起こし、免疫系を活性化する事により、むしろ癌予防に役立つことを示している」

さらに、ホルミシス理論の現実的証明として、ジョンソン氏は、台湾においては、30年前に1万人が居住する200棟のアパートが、放射性コバルトを含んだ鉄材を使って建設され、居住者たちは平均して、年間10.5ミリシーベルトの放射線を浴びつづけた(福島の推定平均放射線量の倍以上)が、2006年の調査によれば、居住者の癌発症率はむしろ一般値よりも低かったこと(95件で期待値

第2部　福島の低線量率放射線の科学認識と20km圏内の復興

は115件)を挙げています。また、ジョンズ・ホプキンス大学の科学者によるラドンガスの研究を挙げ、高いラドンガスの中で暮らしてきた人達は、一般よりも肺癌の発症率が低いという発表があることにも触れ、現在のアメリカ連邦安全基準がラドン除去を提唱していることを批判的に論じています。

ジョンソン氏は、この記事を次のように結んでいます。

> 「非常に微量な水準においてさえ、放射線への恐怖は、人々を命を救う医学診断や、放射線治療から遠ざけている。我々人間はリスクのバランスをとるのが下手である。そして我々は常に不確実な世界に生きている。我々は、実在しない、想像しただけの危険を逃れようとして、本当の危険を冒しているのだ。」

● ウオールストリート・ジャーナル

ウオールストリート・ジャーナル2015年12月1日記事「放射線に関する規範の変更」では、「合衆国の規制当局は、放射線安全基準を根本的に変更か」によって、ウエード・アリソン氏の言説「原子力発電所からの、公衆及び従業員に及ぼす放射線量の許容上限を、従来の1000倍に増やすこと」を冒頭で紹介し、当時パリで開催されていたサミットでの議論と対比させています。

そして、サミットのホスト国フランスが温室効果ガスの排出が少ないのは、総発電量の75%を原子力によって賄っているから

【コラム】世界の報道から

であることに触れ、フランスが早くから、原子力開発を進めてきたことがこの事実を生み出したと述べています。

アリソン氏はLNTモデルを「ドグマ」と断定し「秒速1フィートで発射された弾丸が、あなたを殺す確率は、秒速900フィート（現実に45口径オートマティックの発射速度）の場合の900分の1であるというようなもの」であり「この直線しきい値なし（LNT）モデルとして知られる仮説によれば、チェルノブイリや福島の事故は何千人もの癌死を招くという予測になるが、現実にはそうなっていない」と指摘しています。

さらに、これまでの放射線をめぐる誤った事例として、スエーデンはチェルノブイリの事故後、トナカイ肉のほぼ1年分の供給量を破棄処理したが、これが誤りであったことを2年前に最終的に認めていたこと、2011年の日本における東日本大震における「被爆」（その線量は健康影響は殆どなく、例えばフィンランドの住人が、日常的に受けている量より少なかった）を避けようとして強制避難を住民に強い、1600人もが失わなくてもよい生命を（自殺や必要な医療を受けられなかった事を含んで）断たれたことを挙げています。

また、2001年にはアメリカの当時の原子力規制委員長が、チェルノブイリ事故に起因し得る白血病の過剰な発症は認められなかったことを認めたこと、台湾における放射線コバルトに汚染された鋼材を使ったアパートでも癌発症率はむしろ減ったことなどを挙げた上で、研究者達は放射線の推定危険率、そして安全基準を再考する事によって、原子力発電施設の運用において、数十億

第 2 部　福島の低線量率放射線の科学認識と 20km 圏内の復興

◇◇◇◇◇◇◇◇◇◇◇◇◇◇◇◇◇◇◇◇◇◇◇◇◇◇◇◇◇◇◇◇◇◇◇◇◇◇◇

ドルの費用が削減可能であり、原子力発電所の建設ももっと容易に出来るであろうというアリソン氏の結論を紹介しています。

　ウオールストリートジャーナル紙は、この提言を正当なものと認め、誇張された放射線恐怖が、原子力の安全化コスト、廃棄物貯蔵コスト及び許認可コストを釣り上げる重要な要因となってきていることを指摘し、その上で、現在のアメリカ原子力規制委員会が、自然放射線の環境の下で進化してきた有機体は、低レベルの放射線に対して、細胞防御反応を持つこと(ホルミシス理論)を考慮に入れた、より先進的な思考に基づく安全基準の見直しを行う必要性を議論する方向に移りつつあると報じています。そして、この見直しの提唱者の一人、キャロル・マーカス博士(UCLAの放射線医学教授)の「LNTモデルが科学的根拠を欠いており、この仮説に根拠をおいた法令の為に、非常の多額の費用がかかっている」という指摘を紹介しています。

　同紙は、アリソン氏及び、毒物学者に何十年にわたってLNTモデルに疑問を呈してきたマサチューセッツ・アマースト大のエドワード・J. カラブリーズ氏を高く評価し、2015年10月"環境研究誌"に発表されたカラブリーズ教授の最新論文が、1950年代にマンハッタン計画に関わった遺伝学者達が、自分たちの研究の権威を高めるために、いかにLNTモデルの採用を推進したかを検証していることに触れ、その上で、LNTモデルには多くの疑問がすでに寄せられており、既に新たな基準が必要なことを主張しています。

　同紙の記事は、結論部分で、原子力と石炭鉱山を比較し、原子

【コラム】世界の報道から

力産業の有史以来の事故死者数を上回る人間が、石炭鉱山では1カ月の間に死んでいること、石炭使用施設が放出する微粒子、重金属類及び放射線物質は、アメリカ肺学会によれば、年間13,200名の死者をもたらすと推定されていることを強調し、かって環境保護を訴えたアル・ゴア氏が、原子力をイデオロギー的に否定したことはむしろ炭酸ガス問題や地球温暖化に悪影響をもたらしたこと、現在のオバマ政権が、一部の観念的な反対派の声に耳を貸さなければ、アメリカは賢明な選択をなしうるだろうと結んでいます。

　この研究会とその報告が、リベラル派のニューヨークタイムズ、やや保守派のウオールストリートジャーナルという、アメリカの大きなメディアの高い評価を受けたことは、私たちを励ますと共に、世界のエネルギー問題に一石を投じることになったのではないかと考えています。日本のメディアでも、雑誌「正論」2016年4月号に、中村仁信氏の論考「強制的避難は不要だった〜無駄な除染は即刻中止を」が掲載されるなど、従来のLNTモデルに変わりうる新しいモデルが今後国際的に認められていくことが期待されます。

（編集部）

第3部

放射線をめぐる誤解と反論

第9章 日本の食品放射線安全基準は厳しすぎる
（中村仁信教授の講演会）

編集部

　衆議院第2議員会館第5会議室にて議員勉強会は午後4時、西田譲衆議院議員の司会で開会しました。まず、放射線議連会長平沼赳夫衆議院議員が挨拶、今日本では感情的な放射能への恐怖感のみが強調され、放射能は悪であるという認識が高まっている、しかし自分は、冷静で科学的な見地の中で、人類は放射線と付き合っていかなければならないと考えていると述べました。

　続いて放射線の正しい知識を普及する会の加瀬英明代表代行が、放射線の安全基準について、科学的な見地からただしていくことが必要だとあいさつした上で、中村仁信教授の講演会が始まりました。

　中村氏はスライドを使いつつ解説し、自分はこれまで放射線防護について学び研究してきたが、今日は、食品中の放射性物質の基準値を中心にお話をしたいと講演をはじめ、まず、現在日本が取っている基準値は理屈に合わないということを説明すると述べました。そして、現在の新基準値は年間5ミ

リシーベルトであった暫定基準値が、1ミリシーベルという厳しい基準値になった、これはアメリカやヨーロッパと比べても10分の1以下という厳しい基準値であること、そして、このような基準値については、国際規約としてのコーデックス委員会が定めた基準があり、それによれば、飲料水、牛乳、食品、乳幼児用食品が全て1000ベクレル／キログラムと定められている、例えば米国はこのすべてを1200ベクレルと定め、EUは飲料類と牛乳は1000、食品は1250、乳幼児用食品は400と定めている、それに対し、日本は、飲料水10、牛乳50、一般食品100、乳幼児食品50とされている、これほど厳しい基準値にする必要が果たしてあるのだろうかと疑問を呈しました。

　そして、これほどの基準値にしてしまった結果、これまでは何の問題もなく市場に流通していた青森県のキノコに、120ベクレル／キログラムのセシウムが検出されたことで出荷制限になり、同じレベルのものならば世界中で食べられているのに出荷制限がかかったこと、また、横浜市では一個当たり1ベクレル以下の冷凍ミカンが破棄されるなどの事が起きている、そして、この基準値を出してからさらに厳しい基準値を出す生協、一部スーパーなどの「自主規制」まで起き、厳しい基準の引き下げ競争などが起きている。これに対し、福島大学の佐藤理教授は、「基準値が下がれば安全が達成できるのではなく、安心できないレベルが下がるだけだ」と述べており、ある意味、風評被害や、せっかくの安全な作物の破棄が起きるだけだという現実を批判しました。

第9章 日本の食品放射線安全基準は厳しすぎる（中村仁信教授の講演会）

1. 1ミリシーベルトは科学的根拠のない政治的基準

　そして、食品安全員会はこの事態をどう考えているのかと中村氏は続け、この委員会は、どちらかと言えば冷静な議論をしてきたと、毎日新聞2011年3月29日の記事を紹介しました。それによれば、放射性セシウムの基準は、年間10ミリシーベルトまでは健康に影響はないということでほぼ一致し、暫定基準値が5ミリシーベルトだからこれは厳しすぎる、10ミリにしようといったん決めたのに、事務局は現状をさらに甘くすると世論の風当たりが厳しくなることを恐れたのか、5ミリを10ミリに挙げるというのはやめてほしいと言ったようで、事務局に押し切られた形で5ミリシーベルトという基準値を出したようだ、しかしながら、その5ミリシーベルトに対しても、当時の小宮山大臣から、いや、1ミリシーベルトとするようにという指示が出て、結局この厳しい基準値となってしまったと、中村氏は冷静な議論よりも政治的判断が基準値に当てはめられたのではないかと述べました。

　そして、この1ミリシーベルトを正当化するために持ってきたと思しき理論として、「放射線による影響が見出されるのは生涯における追加線量がおおよそ100ミリシーベルト」という前提に立ち、「生涯」とすれば、だいたい年間1ミリシーベルトだろうという計算からこの数字を正当化したと思う、しかし、その論拠として安全委員会が挙げたデータや論文か

らは、この「生涯100ミリシーベルト」が健康に影響があるという結論はまったく見いだせないと述べました。そしてその一つとして、放射線被ばくで最も起こりやすい癌は白血病であるけれども、広島原爆の被ばくによる白血病死亡リスクを見ても、200ミリシーベルト以上では確かに白血病と放射能の間には相関性があり、白血病になりやすくなっているが、200ミリシーベルト未満では相関性は見られず、60〜90ミリシーベルト以下の場合はむしろわずかではあるが低くなっているというデータを挙げ、生涯100ミリシーベルトが影響を与えるという証拠は全くないと述べました。

　そして、原爆のような急性被ばくではなく、慢性の場合は白血病は増えているのかどうかについて、まず中村氏は、初期の放射線科医が、それこそ年間1000ミリシーベルトの放射線を浴びながら仕事をしていたときは確かに癌の発生率は高かったから、このレベルの放射線は危険であるが、生涯100ミリシーベルトが「累積線量」として危険だという考え方はまったく意味がないと述べました。その理由として、線量率効果を無視していることだと指摘しました。20世紀初めの、ショウジョウバエの実験をしたマラー氏は、放射線の影響は少しであっても蓄積する、修復されることはないという論文でノーベル賞を受賞しており、今でもその考えが世間に流通しているが、それが科学的には誤りであることは既に証明されている、線量率効果と言って、放射線は、長期にわたってゆっくり浴びる場合には人体できちんと修復されると

第9章　日本の食品放射線安全基準は厳しすぎる（中村仁信教授の講演会）

述べました。

　そして、急性被ばくと慢性被ばくの例を挙げ、一度に急性被ばくとして放射線を浴びた場合、修復できる範囲は決まっている、しかし、これを4回に分けて分割照射した場合、生体の防御能力は放射線の影響を修復できるので、影響は少なくなる。わずか4分割しただけでも少なくなる、放射線治療はこの弁理に基づいているが、これが線量率効果で、これは科学的に証明されていることだと述べました。

　そして、分割すればどの程度影響が少なくなるかについて、現在、ICRPは、分割すれば影響は半分になると述べている、これは安全性を高く強調した考えで、動物実験だと、半分から10分の1くらいの数値が出たので高い方（安全側）を取っているのだと説明しました。そして、ただ4分割しただけでも影響は極めて少なくなっている、福島のように、長期にわたる場合はもっともっと修復ができるから影響は少ないはずだと述べました。

　そして線量率について、ショウジョウバエの精母細胞（精子と違い、放射線に対しての修復能力がある）に放射線を照射した場合の突然変異誘発率の実験結果を紹介し、線量率を下げると突然変異の誘発率は減少する（0.05グレイ／分で0.2グレイの線量を照射した場合、突然変異発生率は何も照射しないよりも減少する傾向がある）ことを述べ、これはある種

第3部　放射線をめぐる誤解と反論

のホルミシス効果にあたるのではないかと述べました。(第1章図1参照)そして広島の被爆データをもう一度紹介し、原爆という超高線量率の放射線被ばくでも、200ミリシーベルト未満では癌死も発癌率も高くないという論文があることを紹介しました。

　そしてICRPでは、放射線作業者の安全のためにどのような基準を出しているかを挙げ、生涯1000ミリシーベルトには達しない方がいいという判断のもと、20年間働くとして、年50ミリシーベルトまでなら問題ないというのが1977年の勧告だったとし、その後、1990年に5年で100ミリシーベルトに下げられ、20年働くとしたら生涯400ミリシーベルトが安全となる。そして、一般公衆は、少しでも被ばくが少ない方がいいという観点から、年間1ミリシーベルトと言っているけれども、少なくとも現在の日本の基準値のように、生涯100ミリシーベルトとは全く言っていないと指摘しました。

　そして世界では、インド、中国などで高自然放射線量の地域はいくつもあり、広東省陽江県の自然放射線レベルは年2〜5ミリシーベルト、インドのケララ州では生涯500ミリシーベルト以上(年平均3.8ミリシーベルト、最大で年35ミリシーベルト)であるが、特に健康被害などは起きていない、また、アメリカの雑誌フォーブスに興味深いデータが出ていたが、アメリカの平均は2.5ミリシーベルトだが、2.7ミリ以上と高い州が8つある、ところがそれらの州では、癌の死亡

率が平均をやや下回っている、このような例を見れば、今行われている1ミリシーベルト以上の土地の「除染」がいかに意味がないかもわかるはずだと中村氏は指摘しました。

2. セシウムにまつわる誤解
　　──内部被ばくの危険性は低い

　そして続いてセシウムの問題に触れ、これも誤解があるようだけれど、セシウムの内部被ばくについて、血中に取り込まれたセシウムは全身の筋肉に分布するが、主として尿、部分的には便で排出されること、筋肉はそもそも放射線感受性が低く影響は少ないことを指摘しました。そして、世界中で起きていた核実験でセシウムは世界中にばらまかれたという現実があり、以前から食品や粉ミルクにもセシウムが数十ベクレル／キログラム検出されていた、そして、体重60キログラムの人間には、すでにセシウムは20〜60ベクレル既に体内に存在する事を指摘して、過剰に恐れる必要はないと述べました。

　また、セシウムはCs137とCs134が半分くらいずつ排出されているが、134の放射線量は137の2.7倍くらい強く、測定されるセシウムの73%は134による。その134は二年で物理的半減期を迎えるため、134+137の合計線量は1年で22%、2年で38%減衰し、3年で半分、10年で23%になるとし、実際、福島では1年で30%くらい減っていると指摘しました。そして、現在の内部被ばくの線量は、預託実効線量という考え

から計算され、50年分の線量を積分して預託実効線量とされるが、損傷修復を考慮していない。たとえば、ヨウ素131はバセドウ氏病や甲状腺癌の治療に使われているが、前者は3.7億ベクレル、後者は37億ベクレルのヨウ素131を飲ませ、実効線量は8シーベルト、80シーベルトという計算になり、信じられないような過大な線量になっている。セシウムでも預託実効線量で計算されるので過大評価になっている可能性が高いと述べました。これらのことを考慮すれば、最初から厳しい条件で規制する必要はなく、ちなみにウクライナでは、年50ミリシーベルトから10年以上かけて、年1ミリシーベルトに引き下げていると述べました。

そして最後に、中村氏は自らの結論として、局所の放射線発癌にはしきい値があること、その証拠として、小児癌は放射線治療がよく効くが、5000人を追跡調査したところ、局所線量1グレイ以下では二次癌の有意な発生は見られないことを示しました。また、全身被ばくでは、原爆の悲劇によって白血病のしきい値が200ミリシーベルトだったことも証明されている、固形癌の場合は生活習慣との複合的影響であるため不明になっていると述べました。そして、適度の低線量率放射線では、むしろ健康の増進効果がみられること、熱ショック蛋白、癌抑制遺伝子の増加、免疫細胞活性化による免疫力の高まり、活性酸素処理能力の高まりなどがみられることを挙げ、動物実験だけでなく、人間のラドン浴や被ばく線量の比較的高いカテーテル術者において、活性酸素処理能

第9章　日本の食品放射線安全基準は厳しすぎる（中村仁信教授の講演会）

力、免疫力の上昇がみられていることを示し、低線量率放射線の長期照射による癌の抑制効果は、多くの動物実験やアメリカで1999年に発表された原子力船修理工の癌死亡率データなどが示唆するように、今後さらに研究が進めば、適度な低線量率放射線の健康増進効果はいずれ科学的に証明されるであろうと述べました。

そして本日のまとめとして(1)生涯100ミリシーベルト以上で悪影響が出るという考えは科学的に誤りで、現在の新基準値は理屈に合わない(2)セシウムの影響は減衰、預託実効線量から考えて過大評価されている(3)放射線だけによる発ガンには、全身200ミリシーベルト、局所1グレイというしきい値がある(4)低線量放射線の健康増進効果は動物実験だけではなく人においても証明されつつある、と述べて講演を終わりました。

しかし厚生省から、この講演を聞いたのちも、年1ミリシーベルトに固執し現在の基準値は見直す考えは今のところないという返答があり、参加議員の中からもその姿勢にいくつもの疑問の声が呈されました。最後に、議連の笠浩史衆議院議員から、民主党議員の立場として、地震当時の自分たちが政権政党だった時期の判断について、もう一度冷静に考える必要があることを認識したという挨拶がなされ、第3回勉強会は閉会しました。

（文責　編集部）

【コラム】参考資料1
――IAEA　福島第一原子力発電所事故報告書より――

◉消費財

　影響を受けた地域では、131I、134Cs及び137Csなどの放射性核種が、食品、飲料水及び幾つかの非食用製品など、個人と家庭が日常的に使用する幾つかの消費財その他の品目で検出された。

　事故後の3月21日、暫定規制値より高いレベルの放射性核種を含む飲料水と食品の消費を防ぐための制限が日本の当局によって設けられた。

　飲料水中の放射性核種の許容レベルに関するWHOのガイダンス値は、通常の状況を想定している。2012年4月以降、日本の全ての飲料水は、WHOのガイダンス値を下回った。

　まれな例外を除いて、市場で入手できる食品中の放射性核種のレベルは、国際貿易に適用される食品規格で定められたレベルを超えなかった。イノシシの肉、野生のキノコ、シダを含む野生植物など、野生の食品で高いレベルの放射性核種が発見された事例があった。野生の食品を食べることは日本では一般的でない。野生の植物は、ほとんどの場合、限られた数の人々によって、春の限られた期間に食される。農民による野生のキノコや植物の直接販売は非常にまれである。栽培されたキノコは、放射能濃度レベ

【コラム】参考資料1

ルが規制値を下回る場合に市場に出される。

　飲料水の放射能濃度と食品中の比放射能の幾つかの例が示される。福島県の様々な場所について、飲料水供給で測定された131Iの放射能濃度の時間的推移が、日本の当局によって発出された暫定規則で定められたレベルと比較して示されている。対数正規確率密度と累積確率分布が、事故発生から最初の1か月間の牛乳、及び事故発生後3か月間の葉物野菜の131I の比放射能について評価された。キノコの134Cs と137Cs の比放射能(主として露地物の栽培種のキノコを含む)については、事故発生から12か月間評価された。

　これらの評価は、FAO が集めたデータの統計解析に基づくものであり、数値が食品規格の1,000 Bq/kg のレベルを下回る確率が約90%であることを示している(日本の当局が定めたレベルは当初500 Bq/kg であり、その後100 Bq/kg に引き下げられた)。この慎重なアプローチは、生産者と消費者に困難をもたらした。

参　考　http://www-pub.iaea.org/MTCD/Publications/PDF/SupplementaryMaterials/P1710/Languages/Japanese.pdf#search='%E7%A6%8F%E5%B3%B6+%EF%BC%A9%EF%BC%A1%EF%BC%A5%EF%BC%A1'

第10章　非科学的な恐怖をあおるな
―― 広瀬隆「東京が壊滅する日」を批判する ――

中村仁信

はじめに

　広瀬隆氏が著した「東京が壊滅する日　フクシマと日本の運命」(ダイアモンド社)を手に取ってみた。「これから日本で何が起こるかを予測してゆきたい。はっきり言えば、数々の身体異常と、白血病を含むガンの大量発生である」とある。

　同書の論拠になっているのは、ヨーロッパ放射線リスク委員会(ECRR)の予測で、それによれば、「福島第一原発から100キロ圏内では、今後50年間で19万1986人がガンを発症し、その内半数以上の10万3329人が今後10年間でガンを発症する。それより遠い100〜200キロ圏内では、今後50年間で22万4623人がガンを発症し、その内半数以上の12万894人が今後10年間でガンを発症する」と言う。更に、日本の高い人口密度を考えると200キロ圏内で50年間に40万人以上が放射能によって癌になる、としている。そして現実に、福島県内では18歳以下の甲状腺癌の発生率が平常値の70倍を

第 10 章　非科学的な恐怖をあおるな

超えていると指摘する。

　又、広瀬氏は、ECRRを信頼し、その予測を鵜呑みにする一方、国際原子力機関(IAEA)、国際放射線防護委員会(ICRP)を巨悪と呼び、IAEAもICRPも軍需産業によって生み出された原子力産業の一組織であって、彼らの定める安全基準値は医学とは無関係であるとまで言い切っている。広瀬氏からみれば、原爆と原発は双子の悪魔であり、原水爆も原子力発電も黒幕である国際的な金融支配者と軍需産業が支配し、その危険性を隠しているということになる。

　私自身、原水爆や軍需産業についての知識は乏しいので、本稿では、放射線科医として、元ICRP委員として、幾つかの項目について、この本の誤りを指摘したい。又、ICRPの勧告に沿った話をしているだけで一方的に悪者にされている山下俊一先生、中川恵一先生、長滝重信先生たちの名誉のためにも、科学的に正しいことを述べたい。

1.　ヨーロッパ放射線リスク委員会 (ECRR) とは

　広瀬氏はECRRについて、単なる市民団体ではない、最も信頼するグループであるとしているが、実際にはベルギーに本部を置く市民団体に過ぎない。1997年の設立の経緯において、欧州議会に議席を持つ「欧州緑の党」の決議と関連しているが、広瀬氏が書いているような、欧州議会が認めたものではない。むしろ、内部被曝のリスクに関してICRPの考えを採用すべきとする欧州議会の審議にECRRは異議を唱えて

第3部　放射線をめぐる誤解と反論

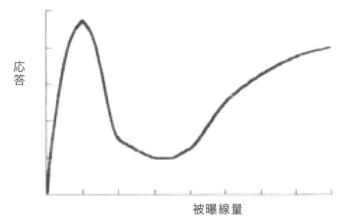

図1　ECRRが主張する2相的線量応答(ECRR 2003年勧告)
極低線量の人体影響が極めて大きいとする仮説。科学的な証拠はなく、低線量ほどDNA損傷の修復が速く完全に行われるという実験結果(PNAS 109:443-448, 2012)と矛盾する。

いる。

　ECRRの主張は、放射線は極低線量で影響が大きい(図1)、同じ線量でも低線量を長期間にわたって受ける方が影響が大きい、ICRPは内部被曝を含む慢性被曝の影響を過少評価しているなどで、ICRPと真っ向から対立する。

　しかし、ECRRの主張は、現在の放射線生物学、放射線影響研究の常識とはかけ離れており、まともな科学者の支持はない。線量率効果(同じ線量なら一度の被曝より慢性被曝の方が影響は少ない)が認められ、低線量ほど損傷修復が速いことは多くの研究から明らかである。英国健康保護局(Health Protection Agency)は、ECRR勧告を批判し、ECRRを公的機関と関わりのない独自(self-styled)の組織とした上で、

「恣意的であり、十分な科学的根拠を持たず、ICRPについては多くの曲解が見られる」としている。

ただ、ECRRが恐ろしさを誇張する内部被曝については、内部被曝の線量評価が必ずしも容易でないことが、ECRRの言いたい放題につながっている。内部被曝については後述するが、反原発派の今中哲二氏(京都大学)さえ、「何でもかんでも"よく判らない内部被曝が原因"となってしまう、ECRRのリスク評価には付き合いきれない」と述べている。

2. 10年で10万人以上の癌死の根拠は？

ECRRのいう10年で10万人以上の癌死という予測には、どんな根拠があるのだろうか。ECRRの科学セクレタリーであるクリス・バズビーは、福島で講演して回り、多くの人に恐怖を与えたが、参考文献としているのが、2006年のマーチン・トンデルの論文である。即ち、チェルノブイリ事故により大気中に放出されたセシウムが風に乗って流され、スウェーデン北西部8郡の線量が増加した。同地区の住民113万人の調査で1988〜1991年の間に有意な癌発生が認められた。トンデルは最大4ミリシーベルト／年のセシウムが原因と考えたが、事故後2〜10年の調査では潜伏期(多くの固形癌では10年以上)に比して短すぎるため、癌化の第2段階である促進作用に被曝が影響したという仮説を立て、論文に「?」を付けた。何れにしても、僅か年4ミリシーベルトで癌が増えるというのは衝撃的な報告であり、注目された。ECRRの

クリス・バズビーにすれば、おあつらえむきの論文であり、トンデル論文の題名に付けられていた「?」を消し、確実な証拠として世界中に宣伝したのである。

しかし、その後も調査を継続したトンデルは、2011年に新しい論文を発表し、「明白な、そして期待したような、直線的な被曝と癌発生の関係は見出せなかった」と修正している。もともと2006年論文でも、癌発生が増加したのは最初の4年間だけで、その後は増加していなかったので当然の結果であるが、一時的にせよ、癌が増加したのはなぜか。地域における人口密度の増加がその要因であると、トンデル自身が述べている。

バズビーはその強引な手法によって世界中をかき回し、多くの研究者を辟易させているが、放射線の恐怖を煽る一方、被曝に効くという高価なサプリメントの販売に関与していると聞く。

3. 福島県内での甲状腺癌（18歳以下）の発生率

広瀬氏が平常の70数倍に増えているという18歳以下の甲状腺癌発生率はどうなのだろうか。広瀬氏は、国立がんセンターがん対策情報センターのデータから、事故前の35年間で19歳以下の甲状腺癌は10万人当り年間0.175人なので、福島の発症率10万人当り年間12.7人（執筆当時）は72.6倍になるとしている。

福島県内で実施されている県民健康調査の報告によれば、

第 10 章　非科学的な恐怖をあおるな

2011年から2015年にかけて甲状腺検査を受けた18歳未満の子供約37万人の内、126人が悪性又は悪性疑いと診断され、その内103人が手術によって甲状腺癌と確定した。癌の大きさは5〜45mm（平均14mm）で、100人が乳頭癌、3人が低分化癌であった。広瀬氏の執筆時より更に増えている。

　原発事故の放射線によって、小児の甲状腺癌は本当に増えたのだろうか。県民健康調査をみると、原発事故後、調査が始まった2011年には41,810人の内15名、2012年には139,338人の内52名、2013年には118,085人の内32人が手術を受け、手術例は1名を除き、癌であった。10万人当りにすると、2011年35.8人、2012年37.3人、2013年27人の癌が見つかっている。原発事故から1年も経たない内にこれほど高頻度で発癌するとは、医学の常識では考えられない。多くの癌は発見まで10〜20年かかる。原爆被曝者の調査でも、甲状腺癌を含む固形癌は、10年以上しないと増えてこない。又、チェルノブイリでは事故当時1〜5歳だった子供（この期間はヨウ素の取り込が多い）に甲状腺癌が出てきたが、福島では1〜5歳児には増えていない。これらの数字を見て、放射線で甲状腺癌が発生したと思う医師はいないであろう。

　そもそも、100万人に1〜3人という医学書の記述や国立がんセンターのデータというのは、子供の甲状腺を超音波で調べた結果ではない。頸部の腫脹や違和感があって病院に行き、診断された頻度と推測される。福島では、超音波で詳しく検査した結果、何の症状もない、多くの小さな甲状腺癌が発見されたと考えるのが理に適っている。それなら、全国ど

第3部　放射線をめぐる誤解と反論

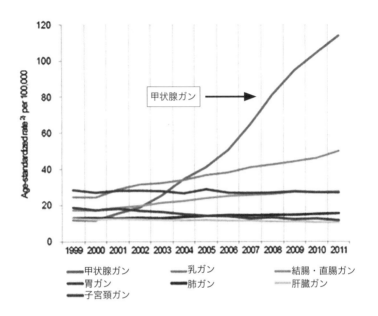

韓国の癌検診は1999年にスタートした。乳癌検診と同時に甲状腺検査も行われたため女性の甲状腺癌数が急増した（N Eng J Med 2014;371:1765）。

図2　韓国の甲状腺がんの「流行」——スクリーニングと過剰診断

こでもこれほどの高頻度で甲状腺癌が見つかると言うのか、という反論が来そうだが、答えはイエスだ。それを示唆する貴重なデータがある。

韓国では超音波による乳癌検診を10年以上前から行っているが、超音波では甲状腺も同時に簡単に見ることが出来るので、乳癌検診と同時に甲状腺癌の検診も行った。その結果、この10年で急激に甲状腺癌の件数が増え、2011年では10万人当り113.8人となっている(図2)。大人の女性の頻度ではあるが、超音波検診を行ったために見つかった頻度は、福島よりずっと高い。子供の頻度ではないが、甲状腺癌は普通の癌とは違う。甲状腺癌の多くは、乳頭癌という種類で発育は極めて緩徐、特に若い人の乳頭癌は予後がいい。乳癌検診を受ける年代の女性に見つかった甲状腺癌の多くが、18歳以下の時点で既に存在していても不思議ではない。因みに、甲状腺癌は天寿癌とも言われ、亡くなられた方を解剖すると10人に1人以上、10万人なら1万人以上に見つかる計算になる。福島の甲状腺癌が異常に多い訳ではないのである。

4. 内部被曝について

ECRRが強調し、広瀬氏が受け売りしているのが、内部被曝の恐怖である。放射性物質が体内に長い間留まり(長期性)、濃縮する(濃縮性)、どこにどれほど蓄積するか判らないので実際の被曝量は測定不可能だという。そして、この内部被曝の危険性はIAEA、ICRPによって無視されてきたということ

第３部　放射線をめぐる誤解と反論

になる。

　例えば、放射性ヨウ素のことを考えてみよう。物理的半減期は８日、排出される分(生物学的半減期)があるので、有効半減期は6.5日である。甲状腺機能亢進症(バセドー病)や甲状腺癌の治療で放射性ヨウ素を飲んでもらうので、体内動態はほぼ判っている。どのくらいの放射線量かというと、甲状腺機能亢進症の治療では3.7億ベクレル、甲状腺癌では37億ベクレルが体内に入る。甲状腺の診断だけでも220万ベクレルが使われる。

　現在の食品中の放射性物質基準値100ベクレル／Kgが余りに危険すぎる(国際基準は1000ベクレル／Kg)という広瀬氏は、甲状腺検査だけで放射性ヨウ素が220万ベクレル投与されると知れば、何と言うのだろうか。220万ベクレルは勿論、37億ベクレルが体内に入っても、何の問題も起こっていない。追跡調査においても、発癌は認められていない。むしろ、100ベクレル／Kgは余りに厳しすぎるので、１日も早く国際基準に戻すべきであるのだが、広瀬氏のような考えのために迷惑しているのは福島の人たちである。

　広瀬氏はベクレル(放射線を出す能力)からシーベルト(放射線影響を示す実効線量)への換算式は誤っている、どこにどれほど蓄積するか不明なので換算できないという。換算して出てくる数値よりずっと怖いと言いたいようだ。換算式が正しくないというのは、私も同じなのだが、私は逆に、今の換算式では放射線影響が過大評価になると思っている。

　内部被曝の計算方法では、体内に放射性物質を摂取した時

第 10 章　非科学的な恐怖をあおるな

点で、半減期、体内分布を考慮した上で、一般では50年間、乳幼児は70歳になるまでの線量の累積が実効線量(シーベルト)として算定される。これは預託実効線量という考え方で、放射性物質を摂取した時点で50年分の被曝に相当する線量を被曝したものとする。しかし、古い換算式なので、放射線の影響(DNA損傷)が修復されるという概念が入っていない。修復される分を差し引くと実際の影響はずっと少なくなるので、過大評価されていることになる。

　因みに、放射性ヨウ素3.7億ベクレルは、換算すると8シーベルト、37億ベクレルでは80シーベルトになる。8シーベルトの全身被曝は人が100%死ぬ量であり、80シーベルトは組織が壊死してしまう量であるので、計算方法の誤りは明らかである。

　セシウムについて言うと、セシウム137(半減期約30年)とセシウム134(半減期2年)がほぼ半分ずつ放出されたが、134の放射線量は137の2.7倍強く、測定されるセシウムの73%は134によるものである。その134の物理的半減期は2年ですから、セシウム134+137の合計線量は何もしなくても、1年で22%、2年で38%減衰し、3年で半分になる。セシウムイコール半減期30年として長期性が強調されるが、実際にはもっと早く減ってくれる。

　セシウムの内部被曝による預託実効線量も同様に過剰評価になっていると考えられる。例えば、体内に入ったセシウム137の内部被曝が50万ベクレルであるとすると、その預託実効線量は50年分の累積計算で6.5ミリシーベルトになるが、

修復されることを考えると、外部被曝であるCT被曝の6.5ミリシーベルトより影響は少ない。内部被曝の方が外部被曝より影響が何倍も大きいというのは誤解である。

又、食品などから体内に入ったセシウムは筋肉に蓄積されるが、筋肉細胞は分裂・増殖しないので、癌が出来る可能性は殆どない。実際、福島の10倍のセシウムが放出されたチェルノブイリでは、セシウムを吸着した野生キノコを食べた住民から500から5万ベクレルのセシウムが筋肉中に検出されたが、筋肉の癌は見られておらず、広瀬氏が心配するような"セシウムが濃縮して生ずる全身の肉腫"が発症する懸念はない。

5. ICRPの元委員として

ICRPは、1928年の第2回国際放射線医学会議(ICR)において設立された「国際X線及びラジウム防護委員会」に端を発し、1950年に独立してICRPとなった。各国を代表する放射線防護の専門家が無報酬で参加し、活動資金は、放射線防護に関心のある多くの機関からの寄付と出版物の印税で賄っているが、寄付の条件として、ICRPの独立性の尊重及び活動計画・委員選任への不介入がある。私は、1997年から2000年まで第3委員会(医療放射線防護)委員を務めたが、厳正な中にも自由闊達な討論が行われ、広瀬氏が思っているような、誰か黒幕が操っているような会議ではない。広瀬氏が言うように、"怪しげな安全基準"を作り、放射線の危険性を隠蔽

第10章　非科学的な恐怖をあおるな

しているなら、1950年以降、次々に線量限度を引き下げていったのはなぜだろう。一般公衆の年間許容限度では、1954年15ミリシーベルト、1977年5ミリシーベルト、1985年1ミリシーベルトと引き下げられたことは、広瀬氏も本に書いている。ICRPが原子力産業を守ろうとする悪の組織であれば、そのようなことをするだろうか。

又、このような重要な変更においては、ICRPは世界中の有識者からパブリック・コメントを募る。実際、年1ミリシーベルトは余りに低く、意味のない数値だと多くの関係者が思っており、引き上げが試みられたことがあったが、成功しなかった。

線量限度に限らず、ICRPの立ち位置は、私からすれば、安全側に寄り過ぎている。慢性被曝のリスクは急性被曝に比べて、2分の1～10分の1(動物実験から)と考えられるが、ICRPは安全側に立って2分の1と多めに評価している。

ついでながら、小中学校の屋外活動を制限する線量限度が年間20ミリシーベルトと決められた時、年間1ミリシーベルトを主張して涙ながらに内閣官房参与を辞任した小佐古敏荘氏(当時東大教授)も元ICRP委員である。

おわりに

震災直後から4年間、福島第一原発20km圏内の人々を中心に線量調査を続けてこられた高田純教授(札幌医大)によると、福島県全体で8万1千人を超える住民の体内セシウム検

第3部　放射線をめぐる誤解と反論

査の結果、1ミリシーベルトを超えたのは26人、最大で3ミリシーベルトであったとのことである。

　広瀬氏が何と言おうと、この程度の線量では、フクシマ原発事故に起因した放射線発癌は考えられない。

　広瀬氏に限らず、放射線怖い派は、放射線によるDNA損傷、特にDNA二重鎖切断(DSB)は修復されないと思っているようだが、近年の研究(PNAS 2005;102:8984、2012;109:443)によれば、CT検査後の個人を採血して調べた結果、DSBは効果的に修復され、バックグラウンドのレベルに戻ったと報告されている。

　CTでは5〜20ミリシーベルト程度の被曝があるが、この程度のDNA損傷はすぐに元に戻るということである。

【コラム】参考資料２
──IAEA 福島第一原子力発電所事故報告書より──

　2007年のICRP勧告は、緊急事態を含む全ての被ばく状況に関する例を含む参考レベルの枠組みを示した。勧告は、放射線緊急事態による最高計画残存線量の例として、急性又は年間で20 mSvを上回り得るが100 mSv を超え得ない参考レベルを勧告した。同勧告は、線量の削減を検討すべきこと、線量が100 mSv に近づくにつれて線量を削減するためさらなる努力が行われるべきこと、放射線のリスクと線量を下げる措置に関する情報を個人が受け取るべきであること、及び個人線量の評価を実施すべきであることも勧告した。日本の規制機関である原子力安全・保安院は、最も低いレベルである20 mSv を公衆防護の参考レベルに適用することを選んだ。

●健康影響

　作業者又は公衆の構成員の間で、事故に起因し得ると考えられる放射線による早期健康影響は観察されなかった。

　遅発性放射線健康影響の潜伏期間は数十年に及ぶ場合があり、このため被ばくから数年後の観察によって、被ばく集団にそうした影響が発生する可能性を無視することはできない。しかし、公衆の構成員の間で報告された低い線量レベルに鑑み、本報告書の

第3部　放射線をめぐる誤解と反論

結論は、原子放射線の影響に関する国連科学委員会(UNSCEAR)の国連総会に対する報告の結論と一致している。

UNSCEARは「被ばくした公衆の構成員とその子孫の間で、放射線関連の健康影響の発生率について識別可能な上昇は予測されない」と確認した(これは「2011年の東日本大震災の後の原子力事故による放射線被ばくのレベルと影響」に関する健康影響の文脈で報告された)。

100 mSvないしそれ以上の実効線量を受けた作業者の集団に関しては、UNSCEARは、「がんのリスクの増大が将来予想されよう。しかし、このような小さい発生率を発がん率の通常の統計的ばらつきに対して確認することが困難であるため、この集団における発がん率上昇は識別できないであろうと予想される」と結論づけた。

影響を受けた福島県民の健康をモニターするため、福島県民健康管理調査が実施された。この調査は、疾病の早期発見と治療及び生活習慣病の予防を目的としている。本報告書作成時点で、子供の甲状腺の集中的なスクリーニングが調査の一環として行われている。感度が高い装置が使用されており、調査を受けた子供のうちの相当数で無症候性の(臨床的手段によっては検出できない)甲状腺異常を検知している。調査で特定された異常が事故による放射線被ばくと関連づけられる可能性は低く、この年齢の子供における甲状腺異常の自然な発生を示している可能性が最も高い。子供の甲状腺がんの発生は、相当な放射性ヨウ素の放出を伴う事故後に最も可能性が高い健康影響である。本件事故に起因する報告された甲状腺線量は一般的に低く、事故に起因する子供の甲状

【コラム】参考資料2

腺がんの増加は可能性が低い。しかし、事故の直後に子供が受けた甲状腺等価線量に関する不確かさは残った。

　出生前放射線影響は観察されておらず、報告された線量はこれらの影響が発生する可能性があるしきい値を大きく下回っていることから、発生は予想されない。放射線の状況に起因する希望しない妊娠中絶は、報告されていない。親の被ばくがその子孫に遺伝性影響を生じる可能性に関しては、UNSCEARは一般的に、「動物の調査では示されているものの、人間の集団における遺伝性影響の発生率の増加は、現時点で放射線被ばくに起因すると考えることはできない」と結論づけた。

　原子力事故の影響を受けた住民の間で、幾つかの心理状態が報告された。こうした人々の多くは、大地震と破壊的な津波及び事故の複合的影響を被ったため、こうした影響がどの程度原子力事故のみに起因するかを評価することは困難である。福島県民健康管理調査の精神的健康・生活習慣調査は、影響を受けた住民のうち幾つかの脆弱な集団の中で、不安感と心的外傷後ストレス障害の増加など、関連する心理学的問題を示している。UNSCEARは、「(事故からの)最も重要な健康影響は、地震、津波及び原子力事故の甚大な影響と電離放射線被ばくリスクに対する恐怖や屈辱感によって影響を受けた精神的及び社会的福利厚生である」と推定した。

おわりに

　福島原発事故がきっかけとなって放射線恐怖症が日本中に蔓延し、年間の被曝線量を1ミリシーベルト以下にするという、愚かな除染が行われていた平成25年、放射線恐怖症を憂う有志が集まって、「放射線の正しい知識を普及する会」が設立された。

　当会は設立時より、"国を挙げての国際会議で放射線問題の検証を"という山田宏国会議員の国会発言を受けて、放射線影響に関する大規模な国際会議を模索してきた。そして2015年3月には、国会の衆議院第一議員会館において、海外から2名の演者を招いての第1回研究会〈SAMURAI2014〉が行われた。会議は成功裏に終了したが、メディアに大きく取り上げられることはなく、社会に影響を与えるところまでは行かなかった。しかし、会議の出席者には多くの情報が提供され、専門家でも意見が分かれているとされる放射線問題の論議に一石を投じることが出来た。"放射線の正しい知識の普及"には、地道な努力の積み重ねしかないのであろう。そして、本書の出版もその一石であるが、波紋は会議より大きいことを期待している。

おわりに

　放射線についての知識が正しく理解されていないことが多い理由を考えてみた。特に、放射線の生物学的影響については、科学者(放射線管理の専門家を含む)のみならず、多くの知識人が正しい知識を持っていない。あるいは、考えが浅く、中途半端な知識がまかり通っている。

　たとえば、以下のような説明をみて一般の人はどう思うだろうか。

　　"ドイツの大学における実験によると、1ミリシーベルトという低線量の被ばくでもDNAの二本鎖切断が生じることがわかった(Proc Natl Acad Sci 2003;100: 5057-5062)。DNAの二本鎖のうち一本だけが切断された場合は、もう一本の情報を基に正しく修復されるが、怖いのは二本鎖切断で、同時に二本とも切断されれば、間違ったつなぎ方をしてしまい、突然変異が出来る可能性が高くなる。このようにごく低線量の被ばくでも発がんする契機になるので、放射線発がんにはしきい値がなく、わずかな放射線も安全とは言えない。"

　上記は、放射線怖い派の主張の一つだが、ドイツの大学における実験は正しいし、二本鎖切断のほうが一本鎖切断や塩基(DNA鎖には4種類の塩基が繋がり、その配列が情報を担う)損傷より修復が複雑なのは事実なので、一般の人ならこれで大いに納得し、やっぱり放射線はわずかでも怖いと思ってしまうのではないだろうか。

では、どこが問題なのか。もっとも重要なポイントは、体にはがんができるのを未然に防ぐ防御システムが備わっているのに、それを説明していないことだ。つまり、①DNA損傷は二本鎖切断でも修復されること、②修復ミスでDNA損傷が蓄積しすぎた細胞では自身を自殺させる(アポトーシス)こと、③それでも発生してしまうがん細胞(一日数千個)を免疫系細胞が除去してくれるという、がんにならないための素晴らしい仕組みを説明していなければ、単に不安を煽るだけになってしまう。更に言うと、二本鎖切断は放射線だけで生じるわけではなく、日常生活での過剰な活性酸素で生じる。そして、二本鎖切断を修復するには、相同組み換え修復と非相同末端結合という二つの方法があり、修復機序も明らかになっている。例えばCTのような低線量の被ばくでも二本鎖切断が生じるが、修復されることが明らかになっている。逆に、DNAの何千もの塩基の一つの損傷くらい大した問題ではないかというと、そうではなく1個の塩基変異であっても、発がんの原因になりうる。もっと言うと、何も原因がなくても、1回の細胞分裂で3ヶ所のエラーが生じる。つまり、被ばくがあろうがなかろうが、細胞あたり1日数万個以上のDNA損傷が生じ、1日数千個ものがん細胞が生じてしまう。しかし免疫系細胞のおかげで塊としてのがんにはならない。がん死亡の頻度はDNA損傷による突然変異とは相関せず、免疫力と相関することも本書に書かれている。普通の生活をしていても年齢とともに免疫力が低下するので、これというリスクがなくても、がんは増えるのである。

おわりに

　そうは言っても低線量放射線で敢えてがんリスクを増やさなくてもいいのではないかと思うかもしれないが、この考えを改める必要がある。発がんリスクを増やさないようにしていても年齢とともに免疫力が低下してがんリスクは高くなっていく。がんのリスクを減らすためには、どうすべきか。衰えていく免疫力を少しでも高めることが大事である。そのためには様々な方法があるが、低線量放射線を浴びるのも一つの方法だ。本文にあるように、高線量放射線は免疫を低下させ、がんリスクを高めるが、低線量放射線は活性酸素処理能力を高め、免疫機能を高める。軽い習慣的運動と同様な効果があるのである。

　本書を読んで、低線量放射線被ばくの体への影響を正しく理解し、体にいい影響があること(放射線ホルミシス)をわかっていただければ、望外の幸せである。

「放射線の正しい知識を普及する会」副代表
中村仁信(大阪大学名誉教授・彩都友紘会病院長)

執筆者一覧(掲載順)

加瀬英明(かせ・ひであき)
　外交評論家。
　1936年東京生まれ。慶應義塾大学、エール大学、コロンビア大学に学ぶ。「ブリタニカ国際大百科事典」初代編集長。1977年より福田・中曽根内閣で首相特別顧問を務めたほか、日本ペンクラブ理事、松下政経塾相談役などを歴任。
　著書に『昭和天皇の戦い』(勉誠出版)、『イギリス　衰亡しない伝統国家』(講談社)、『徳の国富論』(自由社)など。

モハン・ドス
　フォックス・チェイス・キャンサー・センター准教授。
　フォックス・チェイス癌センター(米国ペンシルベニア州フィラデルフィア)准教授、医療物理士、診療映像スペシャリスト。正確な放射線情報のための科学者の会「一〇〇名超の国際的な放射線専門家からなるＳＡＲＩ(Scientists for Accurate Radiation Information)グループ」の創設メンバーの一人。

レスリー・コリース
　現在、American Nuclear Society および、Sientists for Accurate Radiation Information 会員。過去21年間にわたって原子力発電所の職員として発電施設の運営、環境測定の技術、健康管理技術、広報担当および非常時の責任者として働く。その過程で、原子力発電を核兵器と混同するかのような誤解が広がっていることを憂慮、これをただすとともに、地球温暖化防止のためにも原子力発電所は環境にメリットがあることを訴えている。

ウエード・アリソン
　オックフォード大学名誉教授。
　元オックスフォード大学教授。正確な放射線情報のための科学者の会「一〇〇名超の国際的な放射線専門家からなる ＳＡＲＩ(Scientists for Accurate Radiation Information)グループ」の創設メンバーの一人。

執筆者一覧

高田純（たかだ・じゅん）

札幌医科大学教授。

1954年東京都生まれ。広島大大学院博士課程後期中退。京都大化学研究所、広島大原爆放射線医科学研究所などを経て現在は札幌医科大教授。

中村仁信（なかむら・ひろのぶ）

大阪大学名誉教授。

1971年大阪大学医学部卒業。1995年大阪大学医学部教授（放射線医学）、同大学ラジオアイソトープ総合センター長、同大学附属図書館長などを経て、09年4月医療法人友紘会彩都友紘会病院長に就任。日本医学放射線学会第66回会長、日本IVR学会第34回会長。1997年から4年間ICRP第3委員会委員を務める。著書に『肝癌の低侵襲治療』（医学書院）、『IVRの臨床と被曝防護』（医療科学社）など。

服部禎男（はっとり・さだお）

元電力中央研究所理事。

愛知県名古屋市生まれ。1956年、名古屋大学電気工学科卒業後、中部電力に入社。入社翌年、東京工業大学大学院原子核工学修士課程に進学。修了後の1960年、アメリカ合衆国オークリッジ国立研究所原子炉災害評価研修課程へ留学。1972年、動力炉・核燃料開発事業団に在籍、ふげん建設電気機械課長として設計、許認可研究活動に携わる。

放射線安全基準の最新科学
―― 福島の避難区域と食品安全基準

2017年1月13日　初版発行

著者　放射線の正しい知識を普及する会
発行者　池嶋洋次
制　作　一般社団法人 勉　誠
発行所　勉誠出版 株式会社
　　　　〒101-0051　東京都千代田区神田神保町3-10-2
　　　　TEL：(03)5215-9021(代)　FAX：(03)5215-9025
　　　　〈出版詳細情報〉http://bensei.jp

印刷・製本　太平印刷社
装　丁　黒田陽子（志岐デザイン事務所）
ⒸScientific Advisory Meeting for Radiation and Accurate Information,
　2017, Printed in Japan
ISBN978-4-585-24008-2　C1040

本書の無断複写・複製・転載を禁じます。
乱丁・落丁本はお取り替えいたしますので、ご面倒ですが小社までお送りください。
送料は小社が負担いたします。
定価はカバーに表示してあります。